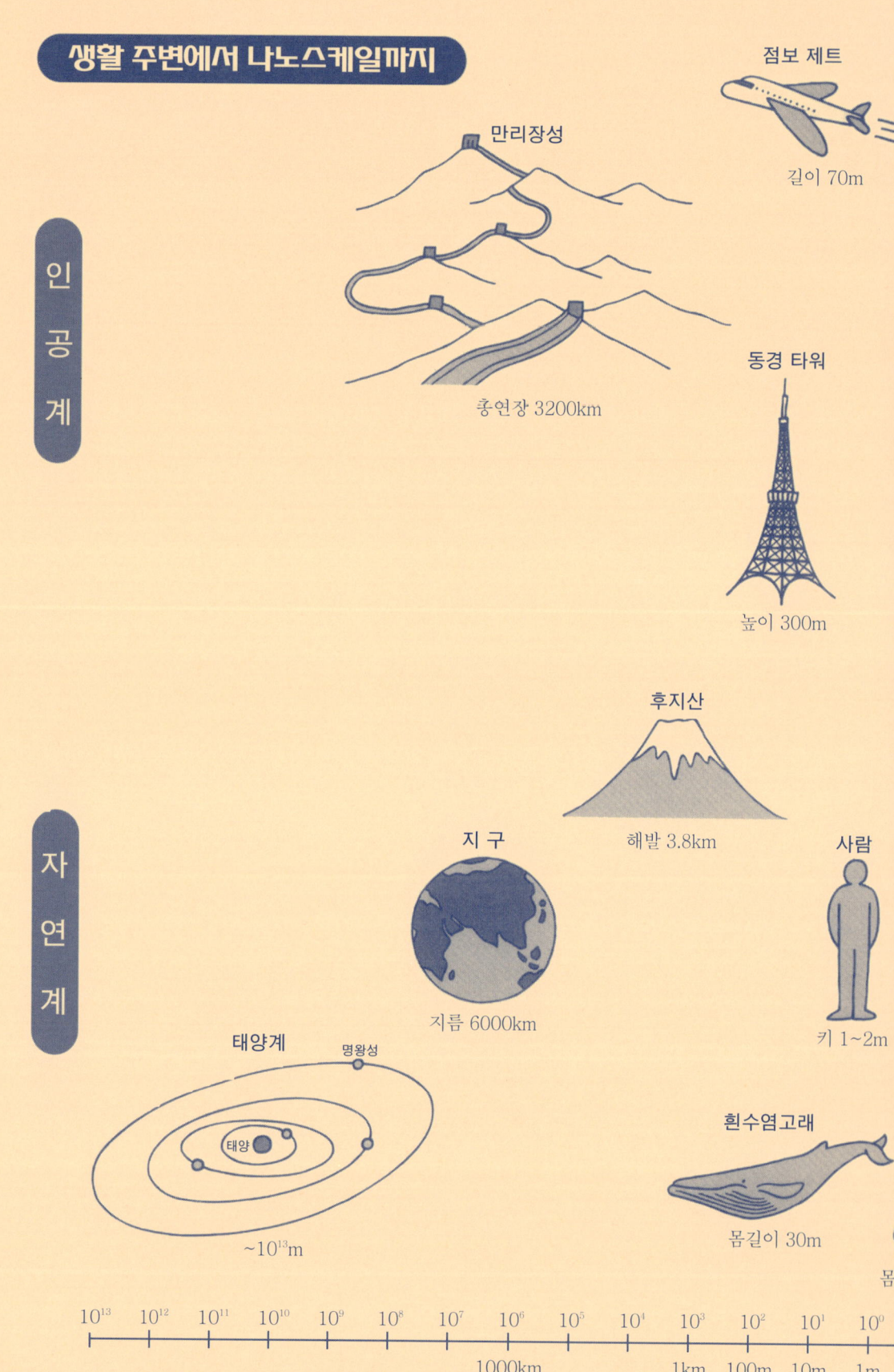

생활 주변에서 나노스케일까지

인공계

만리장성
총연장 3200km

점보 제트
길이 70m

동경 타워
높이 300m

자연계

후지산
해발 3.8km

지구
지름 6000km

사람
키 1~2m

태양계
명왕성
태양
~10^{13}m

흰수염고래
몸길이 30m

몸

| 10^{13} | 10^{12} | 10^{11} | 10^{10} | 10^{9} | 10^{8} | 10^{7} | 10^{6} | 10^{5} | 10^{4} | 10^{3} | 10^{2} | 10^{1} | 10^{0} |

1000km   1km 100m 10m 1m

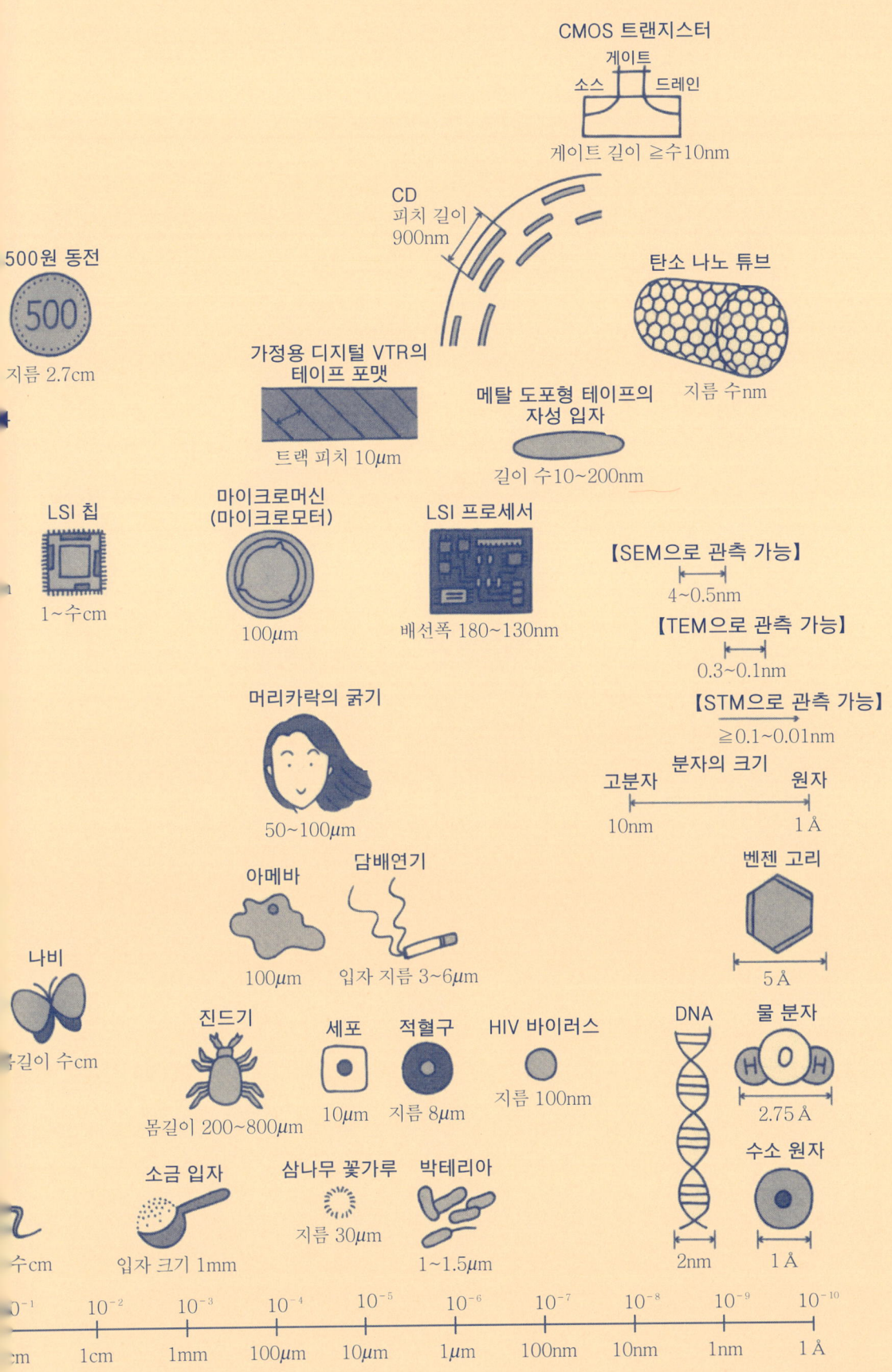

CMOS 트랜지스터
게이트
소스 드레인
게이트 길이 ≧수10nm

CD 피치 길이 900nm

탄소 나노 튜브
지름 수nm

500원 동전
500
지름 2.7cm

가정용 디지털 VTR의 테이프 포맷
트랙 피치 10μm

메탈 도포형 테이프의 자성 입자
길이 수10~200nm

LSI 칩
1~수cm

마이크로머신 (마이크로모터)
100μm

LSI 프로세서
배선폭 180~130nm

【SEM으로 관측 가능】
4~0.5nm

【TEM으로 관측 가능】
0.3~0.1nm

【STM으로 관측 가능】
≧0.1~0.01nm

분자의 크기
고분자 원자
10nm 1Å

머리카락의 굵기
50~100μm

벤젠 고리
5Å

나비
몸길이 수cm

아메바
100μm

담배연기
입자 지름 3~6μm

진드기
몸길이 200~800μm

세포
10μm

적혈구
지름 8μm

HIV 바이러스
지름 100nm

DNA
2nm

물 분자
H O H
2.75Å

수소 원자
1Å

소금 입자
입자 크기 1mm

삼나무 꽃가루
지름 30μm

박테리아
1~1.5μm

수cm

| 10^{-1} | 10^{-2} | 10^{-3} | 10^{-4} | 10^{-5} | 10^{-6} | 10^{-7} | 10^{-8} | 10^{-9} | 10^{-10} |
| cm | 1cm | 1mm | 100μm | 10μm | 1μm | 100nm | 10nm | 1nm | 1Å |

미래를 개척하는 21세기의 중심 기술

나노 테크놀로지 입문
Nanotechnology

川合知二 著
김태엽 · 홍영대 共譯

since1973 도서출판 +iT
성안당 .com
www.cyber.co.kr / www.sungandang.com

日本옴사 · 성안당 .com 공동출간

미래를 개척하는 21세기의 중심 기술
나노 테크놀로지입문

Original Japanese edition
Nanotechnology Nyumon
By Tomoji Kawai

Copyright © 2002 by Tomoji Kawai
Published by Ohmsha, Ltd.

This Korean Language edition co-published by Ohmsha, Ltd.
and SEONG AN DANG Publishing co.

Copyright © 2003

한국어판 판권 소유 : 도서출판 성안당.com
ⓒ 2003 도서출판 성안당.com Printed in Korea

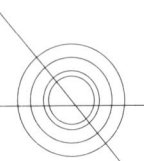

머리말_

새로운 세기가 찾아오면서 과학 기술이 크게 변하려 하고 있다. 그 획기적인 변화를 야기하는 혁신적인 과학 기술이, 10의 마이너스 9승 미터(10^{-9}m)라는 극미의 세계를 다루는 나노 테크놀로지이다. 그 영향은 광범위하게 과학 기술 전반에 미치고 21세기의 산업혁명을 일으키는 원동력으로 기대를 모으고 있다. 동시에 나노 테크놀로지에 의해 맺어지는 과학의 열매는 과학 기술과 산업에 혁명을 일으키는 것뿐만 아니라 우리들의 사회와 일상생활까지 뿌리깊은 곳으로부터 바꾸어 나갈 가능성을 간직하고 있다.

지금 나노 테크놀로지가 각광을 받고 있지만 일반적으로는 우리에게 단어만 조금씩 알려진 정도이고, 그 실체에 대해서는 아직 알려지지 않은 상태이다. 또, 나노 테크놀로지에 대해서 시초가 될만한 책도 아직 없는 것으로 느껴진다.

이 책은 이런 상황을 바탕으로 나노 테크놀로지를 개관하여 조망하는 것을 제일의 목적으로 저술한 것이다.

이 책의 구성은, 우선 1장과 2장은 도입 단계로 나노 테크놀로지란 어떠한 과학 기술인가의 이해를 도모하며, 3장은 나노 테크놀로지에서 필수가 되는 기초적인 기술에 관하여, 그 뒤 4장부터 6장에 걸쳐서는 IT, 바이오(BT), 환경·에너지 분야와 여러 갈래로 이어지는 응용 기술에 대해서 조감하는 흐름으로 되어 있다.

특히, 앞으로의 과학 기술을 책임져 나갈 이공계 학생 독자를 대상으로, 본격적인 나노 테크놀로지의 발판이 될 것을 의식하여 구성하였지만, 입문서로서 어려운 과학·수학의 지식이 없어도 읽을 수 있도록 하였다. 그러므로 나노 테크놀로지에 대해서 관심 있는 사람이라면 누구라도 충분히 흥미를 유발하는 내용이 아닐까 생각한다. 나노 테크놀로지가 세계를 향해 던지는 매우 큰 충격을, 여러분이 이 책으로부터 느껴 준다면 저자로서 만족할 것이다.

∵ 차 례

CHAPTER

1

나노 테크놀로지가
세계를 개척한다

 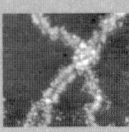  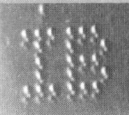 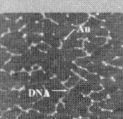

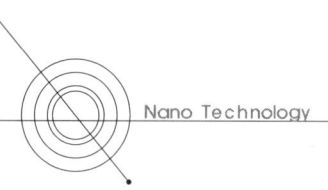

Section 1 21세기의 중심 기술

과학 기술은 점점 진보해 나갈 것이다. 그리고 지금부터는 인간과 지구에 유익한 기술 시대가 되어야 할 것이며, 나노 테크놀로지야말로 21세기를 좌우하는 중심 기술이 될 것이다.

여러분은 100년 후 인간 세계의 일상생활을 상상할 수 있겠습니까? 자동차가 하늘을 날고, 하인 겸 비서인 로봇이 주변의 잡다한 일을 해 주는 등, 마음껏 상상을 펼칠 수 있겠지만 미래의 현실을 정확히 알아 맞추는 일은 아주 어려울 것이다. 100년 전의 사람에게는 현재의 세계도 상상을 뛰어넘는 것임에 틀림이 없을 것이다. 컴퓨터, 휴대폰, 인터넷… 이런 것들도 얼마 전의 우리들조차 이용 방향과 사용법을 잘 몰랐던 것들이다. 하지만 지금의 우리들은 그것들을 충분히 사용하고 있으며, 휴대폰만 하더라도 그것이 없었던 때의 생활들을 잘 기억하지 못할 정도로 세계는 매일매일 변해 왔으며 앞으로도 변해 갈 것이다.

20세기는 과학 기술의 시대였다. 그렇다면 21세기에는 어떠한 시대가 다가오겠는가?

과학 기술은 계속 진보해 나갈 것이다. 그리고 지금부터는 인간과 지구에 유익한 기술 시대가 되어야 하리라 생각하며 나노 테크놀로지야말로 그런 21세기를 좌우하는 중심 기술(Key Technology)이 될 것이다. "나노"의 테크놀로지라 하면 작은 물질의 기술이라고 생각할지도 모른다. 실제로 우리 주변의 기기는 나날이 경량화·소형화하고 있으며 그것에 나노 테크놀로지가 크게 관여하고 있지만, 단지 물질을 작게 하기 위한 기술을 나노 테크놀로지라고 하는 것은 아니다. 나노 테크놀로지가 지향하는 길은, 실제로 세계와 인류를 풍요롭게 하는 매력적인 가능성으로 흘러 넘치고 있다.

우선 1장과 2장에 걸쳐서, "나노 테크놀로지란 무엇인가?" 하는 것에 대해 서술하여 그 큰 가능성을 여러분께 전하고, 다시 3장 이후에서 현재의 첨단 기술을 해설함으로써 이 책이 미래를 엿보는 데 도움이 되도록 할 생각이다.

Section 2 나노라는 단위

"도대체 나노 테크놀로지란 어떤 것인가"라는 본론에 들어가기 전에 우선 나노라는 것은 어떤 것인가에 대해서 언급해 두려 한다. 나노(Nano ; n)라는 단위는 10^{-9} 즉 10억분의 1을 나타내는 접두어이다. 예를 들면 나노의 뒤에 크기를 나타내는 단위인 미터(m)가 붙으면 나노미터(nm)로 1nm라는 것은 10억분의 1m이며, 초(sec)가 붙은 1나노초(ns)는 10억분의 1초를 나타낸다. 나노 테크놀로지에 있어서 나노는 나노미터를 나타낸다. 즉, 크기를 나타내는 단위이기 때문에 나노 테크놀로지란 나노미터 스케일을 취급하는 테크놀로지인 것이다.

10억분의 1미터라고 하면 극히 작은 것이라는 것은 이해할 수 있다고 생각하지만, 실제 나노 스케일의 세계를 엿보기 위해서 인간의 몸을 예로서 살펴 본다(그림 1-1).

나노 크기란?

나노(nano)란 그리스어의 "난장이"란 의미에서 유래한 말로 10억분의 1을 가리키는 미세 단위이다. 1나노미터(1nm)는 머리카락 굵기의 10만분의 1에 해당한다. 원자 하나의 크기가 대략 0.2 nm 정도이므로 나노 크기란 원자 수십~수백 개 정도의 크기를 말하는 것이다. 이는 생명체로 보면 DNA 정도의 크기이다.

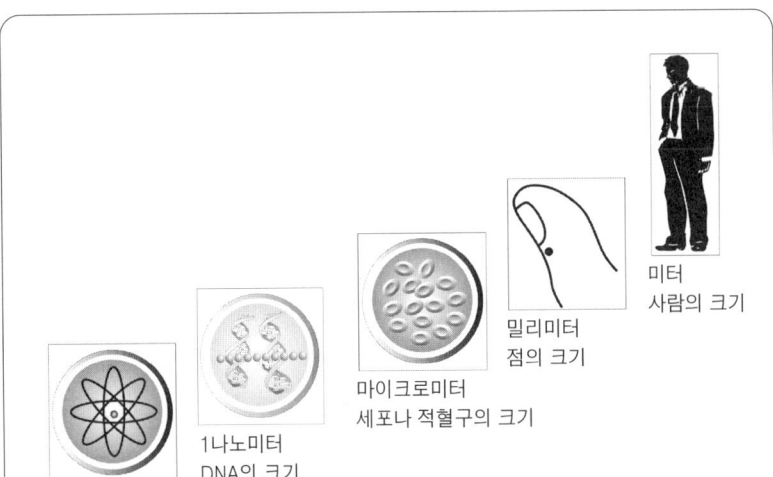

그림 1-1
나노 테크놀로지란
(미국 NNI 팜플릿에서)

미터
사람의 크기

밀리미터
점의 크기

마이크로미터
세포나 적혈구의 크기

1나노미터
DNA의 크기

1/10나노미터
원자의 크기

우선 우리들 인간은 미터 스케일의 세계에 살고 있다. 그리고 인간의 몸에서 그 1000분의 1인 밀리미터(mm) 스케일이라 하면 피부의 점의 크기가 된다. 다시 1000분의 1인 마이크로미터(μm) 스케일이 되면 세포 또는 혈액의 적혈구 크기가 된다. 여기까지는 감각적으로 이해하기 쉽다고 생각한다. 나노미터라고 하는 것은 μm를 다시 1000분의 1로 한 크기로 DNA의 폭이 2nm 정도이므로 그 정도의 스케일이 된다. 그 나노미터를 다시 10분의 1로 하면, 원자의 크기(0.1nm ≒ 1Å(Angstrom))에까지 도달하게 된다. 1m에 대하여 1nm라고 하는 것이 어느 정도의 크기인가 하면, 지구에 대하여 탁구공 정도의 크기이다. 그 정도로 엄청난 크기의 차이인 것이다. 우리들이 미터 스케일의 세계에서 살아가며 나노미터의 물질을 다루려고 하는 것은 지구 크기 정도의 인간이 탁구공을 다루는 것과 같다고 생각할 수 있다. 그러한 것이 현실로 일어나고 있으며 인류는 엄청난 기술들을 획득해 가고 있는 것이다.

부연하여, 나노가 작은 쪽 단위의 극한이라고 할 수는 없으며 나노의 1000분의 1은 피코(pico ; p), 피코의 1000분의 1은 펨토(femto ; f) 다시 펨토의 1000분의 1은 아토(atto ; a)라는 단위가 된다. 물질의 크기 단위로서는 나노미터의 10분의 1이 원자의 크기이므로 나노보다 작은 단위는 그다지 사용되지 않지만, 피코와 펨토는 시간의 단위로서 매우 중요하다. 예를 들어 원자는 대략 0.1피코초에 1회 진동하기 때문에 물질의 움직임을 원자·분자 레벨에서 파악하려고 할 때에는 피코초 또는 펨토초라는 시간으로 관측하고 있다.

큰 쪽의 단위도 언급하면, 1000배씩 커짐에 따라, 킬로(kilo ; k), 메가(mega ; M), 기가(giga ; G), 테라(tera ; T), 페타(peta ; P)라는 단위가 된다. 이것도 또 메가 이상의 단위는 크기의 단위로 쓰여지지 않지만 주파수와 반도체에 쓰이는 트랜지스터의 개수를 나타내는 단위로서 특히 정보 통신 분야에서는 자주 쓰인다.

접두어의 의미

아토(atto) : a=10^{-18}
펨토(femto) : f=10^{-15}
피코(pico) : p=10^{-12}
나노(nano) : n=10^{-9}
마이크로(micro) : μ=10^{-6}
밀리(mili) : m=10^{-3}
킬로(kilo) : k=10^{3}
메가(mega) : M=10^{6}
기가(giga) : G=10^{9}
테라(tera) : T=10^{12}
페타(peta) : P=10^{15}

Section 3 나노 테크놀로지의 정의

그럼, 이제 본론으로 들어가도록 하겠다. 나노 테크놀로지는 어떠한 과학 기술일까?

교과서적인 정의를 한다면 "원자 · 분자 그리고 나노미터 스케일에 있어서 구조와 기능을 제어하는 물질, 재료, 디바이스 및 프로세스 시스템의 과학 기술"이라고 할 수 있다.

미국 정부에 의한 보다 엄밀한 정의로는 가로, 세로, 높이 중에 한 변이 적어도 100nm 정도 혹은 그 이하인 물질의 구조와 기능을 제어하는 테크놀로지라는 것이다. 즉, 나노 테크놀로지란 나노미터 스케일에서 물질과 재료와 시스템을 조정하여, 새로운 미지의 기능을 육성하는 학문 혹은 과학이라고 말할 수 있다.

여기까지 읽고 역시 작은 세계의 이야기가 아닌가라고 느낄지도 모르지만, 나노 테크놀로지가 매우 중요한 것은 "단순히 작은 물질을 다루기 때문은 아니다"라는 것이며 이 점이 우리가 주시할 점이다. 이제부터 그것에 관해 설명해 나가겠지만 나노 테크놀로지를 한마디로. 간결하게 말한다면 "원자 · 분자를 하나하나 나열하여 짜맞추어 새로운 세계를 창조하는 과학 기술"인 것이다.

나노미터 스케일에서 물질과 재료와 시스템을 조정하여, 새로운 미지의 기능을 육성하는 학문 혹은 과학이 나노 테크놀로지이다.

Section 4 나노 스케일 특유의 장점

• 물질의 기능은 나노 스케일에서 처음으로 드러난다.

• 기능이 나타나기 시작하는 나노 스케일을 제어하면 그것보다 크게 만든 물질의 물성과 기능도 모두 결정된다.

• 물질의 기능이라는 것이 처음으로 나타나는 나노 스케일에는 매우 풍부한 기능과 현상을 볼 수 있는 세계가 펼쳐져 있다.

나노 테크놀로지가 새로운 세계를 창조하는 과학 기술로서, 이후의 중심 기술이라는 것을 이해하기 위한 전제로 나노 테크놀로지의 무대인 나노 스케일을 알 필요가 있다. 나노의 영역에서 볼 수 있는 현상에는 매우 흥미 있는 특징적 장점을 3가지 예로 들 수 있다.

우선 첫 번째 장점은, 물질의 기능은 나노 스케일에서 처음으로 드러난다는 점이다.

나노미터의 10분의 1, 즉 원자 크기의 스케일에서 물질의 성질은 단지 100여 가지 정도밖에 나타나지 않는다. 그것은 원자가 그 물질적 특성을 잃지 않는 최소 단위이며, 바꿔 말하면 원자 단위에서 처음으로 물질의 성질이 나타나며 그것은 지구상에 존재하는 원소, 즉 주기율표에 있는 100여 종류밖에 없기 때문이다. 결국, 원자 크기의 스케일에서는 100종류 정도의 물질밖에 있을 수 없게 된다. 그렇지만, 그 원소를 수십에서 수백 개 단위로 모아서 정확히 나노미터 스케일까지 오게 되면 거기서 처음으로 물질의 역할을 하며 활동하고 결국 물질의 기능이 나타나게 되는 것이다. 2nm 정도의 폭밖에 가지고 있지 않은 DNA는 우리들 인체를 구성하기 위한 기본 프로그램이며, 나노 스케일에서 기능을 가지는 물질로서 으뜸가는 것이다.

두 번째로는 기능이 나타나기 시작하는 나노 스케일을 제어하게 되면 그것보다 크게 만든 물질의 물성과 기능도 모두 결정된다는 것이다. 이것은 나노 스케일이 매우 근원적인 결정을 하는 스케일이라는 것을 나타내 주고 있다. 나노 스케일보다 작은 원자만으로는 아무것도 제어할 수 없지만 그것을 수십 개, 수백 개 결합하여 나노미터의 세계로 이끌어 온 그 순간에, 그것보다 큰 물질까지 어떤 성질, 기능을 가질지가 모두 결정되는 것이다. DNA가 인간의 모든 것을 결정하는 결정적인 프로그램인 것이 위와 같은 것을 나타내는 증거이며, 매우 중요한 것임을 알 수 있다. 다른 예로는 결정이 생성되어 재료가 만들어질 때에, 핵이 되는 나노 스케일의 단위가 만들어지기만 하면 그 후에는 그 핵이 성장하는 것만으로 재료가 만들어진다.

세 번째로 최근에 들어서 알게 된 것은 물질의 기능이라는 것이 처음으로 나타나는 나노미터 스케일에는 매우 풍부한 기능과 현상을 볼 수 있는 세계가 펼쳐져 있다는 것이다. 탄소 나노 튜브의 발견은 그것을 상징하는 사건이며 그 풍부한 세계에 대해서는 이 책 전체를 통해 이야기하려 한다.

이상을 정리하면, "나노미터 스케일은 기능이 처음으로 발현하는 최소의 단위인 것, 또 그것을 조절하게 되면 물질의 성질이 모두 결정된다는 것, 더욱이 그곳에는 지금까지 없었던 보물 창고와 같은 것이 있다는 것"이 나노 스케일에 관한 세 가지 중요한 특징적 장점이 된다.

 ## 샤가프의 법칙(Chargaff's Rule)

E. 샤가프가 발견한 법칙으로 DNA의 디옥시뉴클레오티드 조성에 대한 규칙성.

1950년대 초 샤가프는 각종 생물에 의하여 조정된 DNA에 대하여 그 디옥시뉴클레오티드 조성을 상세하게 연구하여 생물종에 따라 DNA의 디옥시뉴클레오티드 조성은 각기 고유의 차가 있으나, 어떤 DNA에 대해서도 일반적으로 다음과 같은 규칙성을 나타내는 것을 발견하였다.

즉, 염기인 아데닌(A)과 티민(T)의 함량이 항상 같고, 또 구아닌(G)과 시토신(C)의 함량이 항상 같다는 사실이다. 따라서 A+G=C+T라는 관계가 성립되고,

DNA에서는 퓨린 염기와 피리미딘 염기가 등량으로 존재한다는 것을 나타낸다.

또, A+C=G+T의 관계도 성립한다. 이것은 DNA에서는 6-아미노 염기와 6-케토 염기의 각각의 합이 같다는 것을 뜻한다.

이와 같은 DNA의 조성에 대한 규칙성을 발견자의 이름을 따서 샤가프의 법칙이라고 한다.

이 발견은 후에 J. D. 왓슨, F. H. C. 크릭이 DNA의 이중 나선 구조의 모델을 유도하는 데 중요한 실마리가 되었다.

탄소 나노 튜브(CNT ; Carbon Nanotube)

현 단계에서 나노 테크놀로지의 최대 발견이며 이후 각 방면으로의 이용이 크게 기대되고 주목받는 신재료가 탄소 나노 튜브이다. 탄소 나노 튜브는 6개의 탄소 분자가 육각형의 벌집 모양으로 나열되고 관 모양으로 된 탄소 분자이다(그림 2-15).

순수한 탄소의 구조로는 다이아몬드, 그레파이트(Graphite, 흑연), 목탄(Charcoal), 풀러린(Fullerene, 1985년 영국에서 발견된 축구공 모양의 탄소 분자)이 알려져 있지만, 그 다섯 번째 구조로서 1991년 일본전기회사(NEC) 부설 연구소의 이지마 스미오 박사가 풀러린의 연구 중에 다층의 탄소 나노 튜브(복수의 관이 크기대로 포개어진 구조로 된 것)를 발견하였다. 2년 후에는 단층 탄소 나노 튜브도 발견되었다. 더욱이 각형의 탄소 나노 튜브도 발견되었다. 탄소 나노 튜브는 직경 1~30nm로 자연계에서 가장 가는 튜브로 인장

강도(Tensile Strength)가 강철보다 10배나 강하며 부서지기 어려울 뿐만 아니라 유연성도 풍부하다. 한층 더 나아가 관의 직경에 따라 금속적 성질과 반도체적 성질을 갖고 있음을 알게 되었으며 전기적 특성도 매우 우수하다. 또, 원통의 관 구조이기 때문에 그 속에 수소를 저장하거나, 안으로부터 진자를 튀어나오게 하여 전극의 이미터(Emitter, 트랜지스터의 전극의 하나)로 이용할 수도 있을 것으로 생각된다. 실용화 연구는 이제 막 시작된 단계이지만 IBM은 탄소 나노 튜브를 이용한 트랜지스터 기술을 개발했음을 발표했다. 전자 디바이스의 받침이 되는 경량화, 소형화의 열쇠를 쥐고 있는 탄소 나노 튜브는 경량화, 소형화뿐만 아니라 여러 가지 분야에 응용이 시도되고 있다. 탄소 나노 튜브는 나노 테크놀로지의 미래의 가능성을 짐작케 하는 상징적인 재료라고 말할 수 있다.

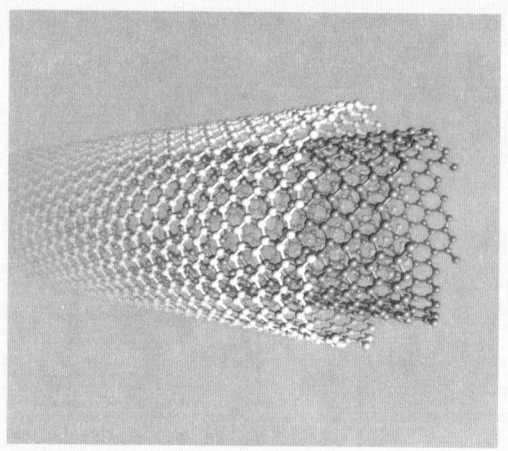
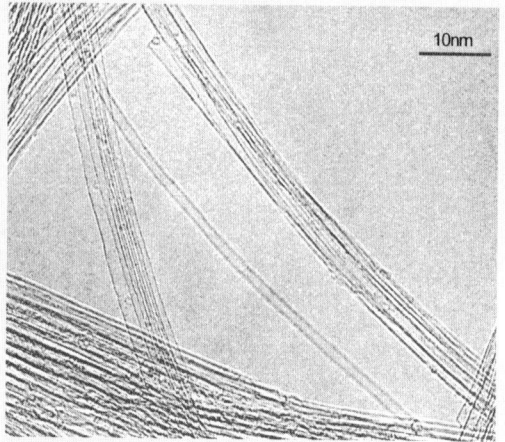

그림 1-2
카본 나노 튜브의 구조(좌)와 전자 현미경 사진(우)
(NEC 과학기술진흥사업단 산업창조연구소)

CHAPTER

2 나노미터 세계에서 무슨 일이 일어나는가

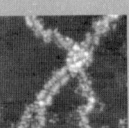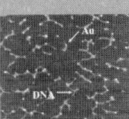

Section 1 두 가지 접근 방법

과학 기술이 나노미터 세계의 영역에 들어가는 방법으로는 Top-down과 Bottom-up이 있다.

　과학 기술이 나노미터의 세계, 즉 수 나노미터에서 수백 나노미터 사이의 영역에 들어가는 방법에는 두 가지가 있다.

　첫 번째는, 큰 것을 깎고 또 깎아서 끝없이 작은 것을 만들어 가는 것으로 나노미터의 세계에 들어가는 Top-down 나노 테크놀로지라고 불리는 방법이다. 또 다른 하나는 물질의 최소 단위인 원자를 짜맞추어 분자로 만들거나 다시 그 분자를 짜맞추어 초분자로 하는, 원자·분자를 짜맞추어서 기능을 이끌어내는 Bottom-up 나노 테크놀로지라고 불리는 방법이다. 즉, 위에서와 아래에서부터 나노미터에 접근하는 방법이 있는 것이다.

　Top-down과 Bottom-up 두 가지 방법의 역사의 흐름을 나타내는 것이 그림 2-1이다. Top-down 방법의 역사를 되짚어 보면 옛날

그림 2-1
Top-down과
Bottom-up의 융합

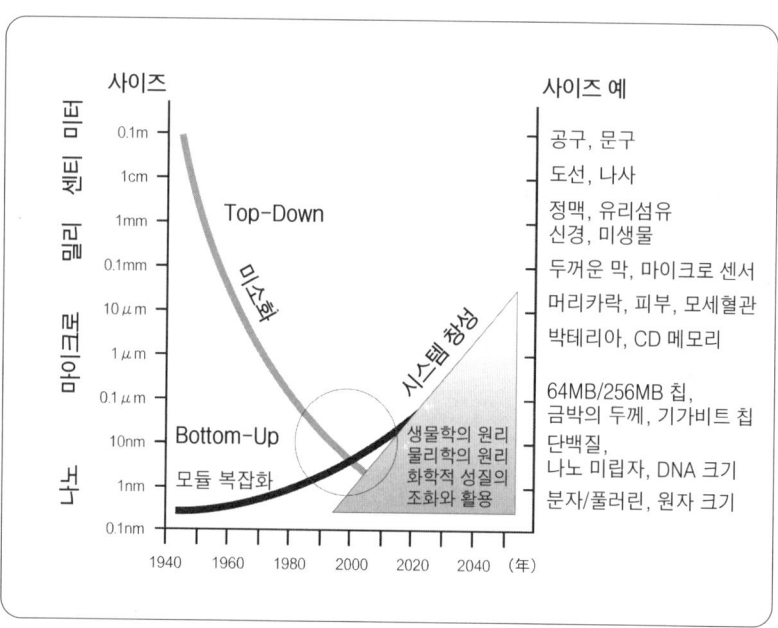

에는 문구와 공구 등에서 미터 스케일의 비교적 큰 것을 사용했지만 기술의 발전에 따라서 점점 작아지게 되었다.

바이오 분야에서는 현미경을 통해 미생물을 관찰하고, 마이크로 스케일인 머리카락의 모세 혈관 형태까지 알게 되었으며, 그보다 더 작은 박테리아를 발견하였다. 공업 제품에서는 마이크로미터(μm) 센서가 만들어지며, CD에 대용량 정보가 기록되며, 반도체 칩은 메가바이트(megabyte ; MB)에서 기가바이트(gigabyte ; GB)로 발전하였다. 이렇게 발전하는 나노미터의 영역이 지금 작게 해 나가는 방법의 최대 경쟁지가 되고 있다.

Bottom-up 방법이라 하면, 처음에는 원자·분자가 스펙트럼으로 확인되는 단계로부터 시작하여 암모니아의 합성 분자를 만들어 내는 데 성공하는 등의 단순한 발견이 있었다. 거기서부터 고분자가 만들어지고, 다시 그 분자를 연결하여 초분자가 되며, 현재 나노미터의 세계에서 새로운 발견과 발명이 연속되고 있으며 역시 과학 기술의 최전선이 되어 왔다.

이처럼, 지금 이 시대의 과학 기술의 상황은 위에서부터 깎아내는 방법, 밑에서부터 짜맞추어 가는 방법 양쪽 모두가 정확히 나노미터의 영역에 진입하여 있다는 것이 나노 테크놀로지의 시대를 가져온 역사적 배경이 된다. 그러한 역사의 필연적인 흐름과 함께 나노 스케일에서 새로운 현상의 발견 또는 새로운 기능 물질이 만들어지는 것으로 나노미터의 세계가 매우 중요한 영역으로서 주목받고 있다.

여기서 나노 테크놀로지에 기대되고 있는 것은 Top-down과 Bottom-up의 접근이 융합한 새로운 기술이다. 이후에는 이 두 가지 방법이 융합한 영역에서 새로운 과학 기술이 발전해 나가리라는 점에서 나노 테크놀로지는 각광받고 있는 것이다.

Top-down과 Bottom-up이 융합한 영역에서 새로운 과학 기술이 발전해 나가리라는 점에서 나노 테크놀로지는 각광받고 있다.

Section 2 Top-down의 나노 테크놀로지

리차드 파인먼

매사추세츠공과대학과 프린스턴대학교에서 공부하였으며, 1945년 코넬 대학교, 1950년 캘리포니아대학교 교수가 되었다.

코넬대학교 시절부터 양자전기역학(量子電氣力學)을 연구, 재규격화 이론을 완성했다. 여기서 사용된 파인먼 다이어그램은 이론 물리학에 널리 이용되고 있다.

1965년 재규격화 이론 연구의 업적으로 J. S. 슈윙거, 도모나가 신이치로(朝永振一郞)와 함께 노벨물리학상을 수상하였다.

노벨 물리학상 수상자인 리차드 파인먼(Richard Feynman)은 1959년에 캘리포니아 공과 대학에서 '극미 세계의 아득한 가능성'이란 제목의 유명한 강연에서, 지금 우리들은 비교적 큰 물질의 세계에 살고 있지만 물질을 점점 작게 해 나가면 어떻게 될까라는 강연으로 나노미터의 세계가 간직한 가능성을 예언적으로 표시했다. 어떤 재료를 끌로 깎아 그 끌보다 작은 끌을 만들 수 있다. 그 다음 다시 작은 끌로 더 작은 재료를 깎아 만들어진 끌로 그보다 작은 재료를 깎는다. 예를 들면 1m의 끌로부터 1mm의 끌을 만들고, 1mm의 끌로 재료를 깎아 1μm의 끌을 만들고, 다시 1μm의 끌을 이용해 1nm의 끌을 만드는 것이다. 그리고 그 나노미터의 끌로 물질을 깎으면 최후에는 원자에까지 이르고 이 원자를 움직이거나 배열하거나 하면 매우 재미 있는 현상들이 일어난다고 파인먼은 말했다(그림 2-2).

원자·분자를 나열하는 영역의 가능성을 간직한 세계가 펼쳐져 있다는 것으로, 그 영역에 들어가기 위해 물질을 깎아가는 방법을

그림 2-2
파인먼의 나노 테크놀로지

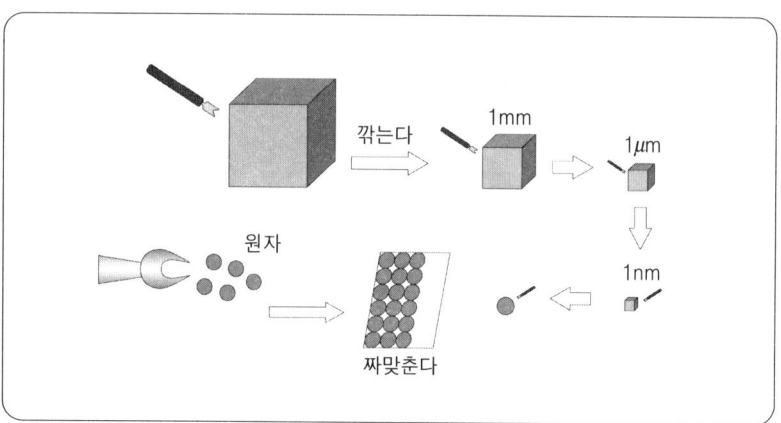

취한 나노 테크놀로지라는 의미로 Top-down의 나노 테크놀로지를
파인먼의 나노 테크놀로지라고 말할 수가 있다. 이 Top-down 방법
은 과학에서도 기술에서도 매우 중요하며, 무엇보다 좋은 예가
DRAM(Dynamic Random Access Memory, 기억 보존 동작을
필요로 하는 수시 쓰기과 읽기를 하는 메모리) 등의 반도체의 미세
가공이다. 반도체가 작아져 온 과정은 파인먼이 그 가능성을 나타
낸다. "깎는다" 라는 방법을 취한 Top-down 나노 테크놀로지의 역

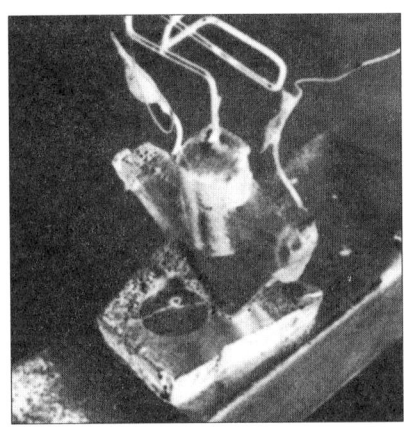

그림 2-3
최초의 점접합 트랜지스터
(The Transistor: Two Decades of
Progress, "Electronics", 1968에서)

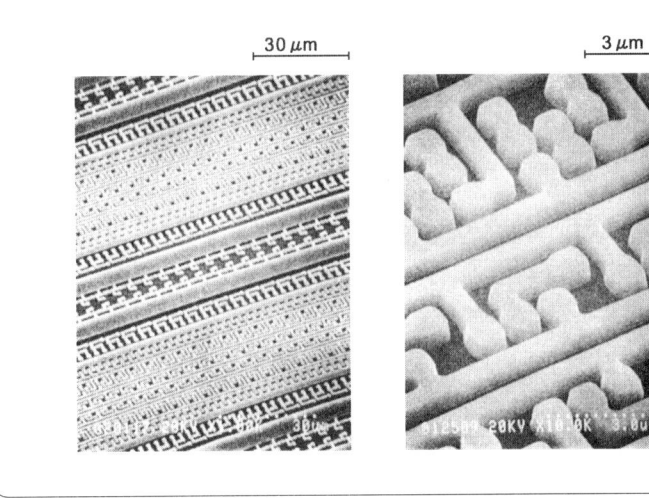

그림 2-4
LSI의 확대 사진
(테크노라이프選書, 鈴木敏
正, 작은 거인 – VLSI의 세계,
OHM社)

사 그 자체인 것이다. 1948년에 미국의 벨 연구소에서 최초로 발명된 당시의 트랜지스터는 5cm²에 1개를 만들었다(그림 2-3).

기술이 발전하면서 5cm²의 반도체 칩 하나에 몇 개의 트랜지스터가 만들어진 IC(집적 회로, Integrated Circuit)의 개념이 생겨났으며, 보다 더 많이 올리려는 기술이 발전하여 LSI(대규모 집적 회로, Large Scale Integrated Circuit)가 등장했다(그림 2-4).

1cm²의 넓이에 1000개를 만드는 기술이 개발되었으며, 70년대 후반에는 16KB 내지 64KB, 즉 1만 6천 개나 6만 4천 개를 탑재한 트랜지스터가 일본에서 만들어졌다. 그러나 그것도 수십 마이크로미터의 큰 사이즈였으며, 최근에 이르러서야 나노미터 크기로 가공할 수 있게 되어 GB 즉 10억 개도 탑재할 수 있게 되었다.

지금 사용 중인 컴퓨터를 열면 그러한 반도체 칩이 들어가 있으며, 그 중에는 천만에서 10억 개나 되는 트랜지스터가 나열되어 있다. 그 트랜지스터는 100nm 정도의 스케일로 깎아지고 그 중에 이온을 넣거나 하는 방법으로 만들어져 있다. 이렇게 반도체 기술은 나노미터의 세계에 들어와 있으며, 깎아가는 Top-down의 나노 테크놀로지가 여기에 잘 반영되어 있다.

 **참고** ### 트랜지스터(Transistor)

반도체 결정 속의 도전 작용을 이용한 증폭용 소자(素子).

1948년 미국 벨전화연구소의 W. H. 브래튼, J. 바딘 및 W. 쇼클리는 반도체 격자 구조의 시편(試片)에 가는 도체선을 접촉시켜 주면 전기 신호의 증폭 작용을 나타내는 것을 발견하여 이를 트랜지스터라고 명명하였다. 이것이 그 동안 신호 증폭을 위해 사용해 오던 진공관을 대치하는 트랜지스터의 시초가 된 것이다. 트랜지스터 그 자체가 소형이어서 이를 사용하는 기기는 진공관을 사용할 때에 비하여 소형이 되며, 가볍고

소비 전력이 적어 편리하다. 초기에는 잡음·주파수 특성이 나쁘고, 증폭도도 충분하지 못하였으나, 그 후 많이 개량되어 아주 대전력을 다룰 수 있는 등 특수한 경우를 제외하고는 진공관을 대치하였다.

트랜지스터는 반도체 다이오드의 기능을 포함시키면 증폭·발진·스위칭·정류·검파 등의 기능을 가지기 때문에 진공관과 다음과 같이 비교된다. 장점으로는 pnp와 npn의 두 가지 종류가 있는 것, 저전압·소전력으로 동작시킬 수 있는 것, 형태가 매우 작은 것, 수명이 긴 것 등을 들 수 있다.

Section 3 현대의 연금술, Bottom-up의 나노 테크놀로지

Top-down의 나노 테크놀로지는 중요하고 무시할 수 없는 기술이지만, 현재의 나노 테크놀로지를 움직이고 있는 것은 또 다른 하나의 나노 테크놀로지인 밑에서부터 원자 · 분자를 짜맞추어 나가는 Bottom-up 방법이다. 실은 이 Bottom-up의 나노 테크놀로지야말로 세계를 일변할 가능성을 가진 기술이라고 할 수 있다. 그렇게 말하는 것은 무엇 때문일까?

탄소를 예로 들면, 탄소라는 것은 주기율표에서 100가지밖에 없는 원소 중 단지 하나에 지나지 않는다. 그러나 탄소를 sp3라는 결합으로 입체적으로 연결해 나가면 다이아몬드라는 보석이 만들어진다. 그렇지만 탄소를 벤젠(Benzene, C_6H_6) 고리와 같이 벌집 형상으로 연결하여 그것을 평면인 시트 모양으로 쌓아올리면 우리 주위에 흔한 흑연이 된다. 이처럼 하나의 원소로부터 전혀 가치가 다른

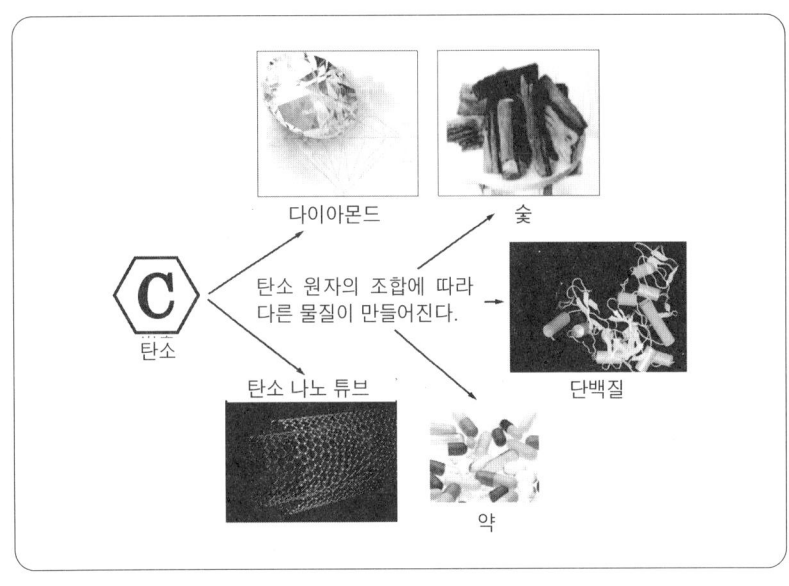

다이아몬드   숯

C
탄소   탄소 원자의 조합에 따라
다른 물질이 만들어진다.   →   단백질

탄소 나노 튜브

약

그림 2-5
탄소로부터 여러 가지
가치가 다른 물질이
만들어진다.

물질이 만들어진다(그림 2-5).

탄소로부터 만들어진 물질로, 특히 최근에 발견되어 굉장히 주목을 받고 있는 것이 탄소 나노 튜브이다. 이것은 직경이 수 나노미터의 원통 모양의 탄소로 만들어진 물질로 철보다 훨씬 강하여 쉽게 파손되지 않고 게다가 훨씬 가벼워 산업의 기간 재료인 철, 실리콘을 교체할 재료로 기대되고 있다. 이 탄소의 예로 잘 알 수 있는 것은 원자 · 분자를 나열해서 짜맞추고 그것을 나노 스케일로 제어하면 엄청난 가치의 물질이 만들어질 가능성이 있다는 것이다. 이러한 사실로부터 원자 · 분자를 짜맞추는 Bottom-up 나노 테크놀로지야말로 중요하다고 말할 수 있는 것이다.

탄소의 단일체뿐만 아니라 탄소와 질소, 수소 등 수 종류의 원자를 조합해 새로운 단백질을 만들거나, 부작용 없고 효과 좋은 약을 만드는 등 원자 · 분자를 짜맞추어 매우 가치 있는 것을 만드는 과학 기술이 나노 테크놀로지이다. 그러한 의미로부터 나노 테크놀로지를 '현대의 연금술'이라고 말할 수 있다. 여기서부터는 Bottom-up 기법이야말로 중추가 된다는 관점에서 Bottom-up의 나노 테크놀로지를 중심으로 이야기를 진행시켜 나가겠다.

참고 sp3

혼성 오비탈의 하나로, 정사면체 결합(正四面體結合, tetrahedral bond)이라 한다.

1개의 s 전자와 3개의 p 전자에 의하여 이루어진 sp3 결합을 말한다. 예를 들면, 메탄에서 탄소는 정사면체의 중심에 있고, 정사면체의 귀퉁이에 수소가 자리하고 있어, 결합은 중심에서 네 귀퉁이로 향하여 있으므로 이것을 정사면체 결합이라고 하며, 결합각은 서로 109° 28'으로 매우 안정된 결합이다.

이밖에 실제적인 예도 많다. 탄소(C), 규소(Si), 게르마늄(Ge) 등 4가(價)의 원소 외에 B-, N+ 등과 같이 4가로 되어 정사면체 결합을 형성하는 것도 있다.

Section 4 원자 · 분자를 어떻게 짜맞추는가

다음 문제는 어떻게 원자 · 분자를 짜맞추어 가치 있는 것을 만드는가이다. 우선은 그 기본이 되는 생각 방법에 대해서 이야기하려 한다.

1986년에 당시 MIT 대학의 학생이었던 K. Eric Drexlar가 '창조하는 기계' 라는 그의 저서에 있어 매우 독특한 생각을 내세웠다. 그것은 Bottom-up의 나노 테크놀로지를 대표하고 있고, '드렉슬러의 나노 테크놀로지' 라고도 불리고 있다. 그 발상은 이 세상에는 어셈블러(Assembler)라는 분자 제조 기계가 존재한다는 것이다 (그림 2-6). 드렉슬러에 의하면 이 어셈블러라는 기계에 원재료가 되는 질소, 수소, 산소 등을 넣으면 특정 모양의 분자가 만들어진다. 나노 컴퓨터로 제어하는 복제 장치의 복사체(Replicator)라는 것에서 나온 분자를 기판 위에 차곡차곡 나열해 가면 자유자재로 원하는 물질을 만들 수 있다. 여기서 조금 순서를 틀리게 나열하면 분자 복구 기계가 그 순서를 고쳐 준다.

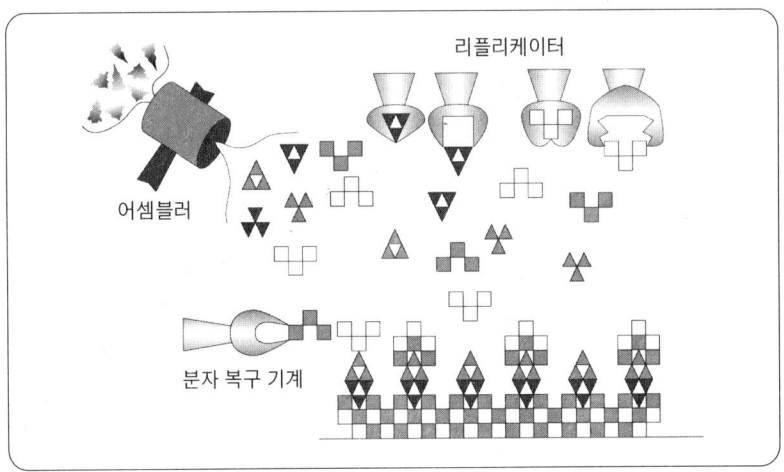

그림 2-6
드렉슬러의
나노 테크놀로지

요컨대 어셈블러와 복사체에 의해서 우리 주위에 흔한 원료로부터 어떠한 물질도 생산해 낼 수 있다는 것이다. 만약 이것이 실현된다면 어떤 것이 가능할까 생각하면, 어셈블러와 복사체로부터 만들어진 전자레인지와 같은 기계에 아주 흔한 질소와 탄소라는 원료를 넣고 30분 정도 작동시키면 마치 도깨비 방망이와 같이 그 기계로부터 자동차, 비행기, 고기 또는 빵이 나온다는 것이다(그림 2-7).

이 발상은 진지한 과학적 견지로 본다면 언뜻 납득하기 어려운 생각처럼 보인다. 그런 일은 있을 수 없다, 도깨비 방망이는 존재하지 않는다라는 선입견이 그렇게 생각하게 하지만 실은 이 드렉슬러의 발상이 물리 법칙으로서는 별로 잘못된 것이 없다고 할 수 있다. 왜냐하면, 그런 프로세스를 거쳐서 실제 고기와 빵이 일상적으로 만들어진다고 말할 수 있기 때문이다. 생체를 보면 DNA에는 생체를 형성하기 위한 프로그램이 들어가 있다. 그리고 세포 안에 있는 리보솜(Ribosome)은 그 DNA의 프로그램에 따라 아미노산을 자유롭게 나열하는 것으로 단백질을 합성하고 있다. 이 일련의 흐름은 센트럴 도그마(Central Dogma)라 한다(그림 2-8).

이 리보솜이야 말로 도깨비 방망이인 어셈블러라고 간주할 수 있다. 소와 양은 자연에서 자연적으로 자라난 풀을 먹이로써 먹고 자

그림 2-7
전자레인지 같은 기계에서
기계, 빵, 자동차가 나온다.

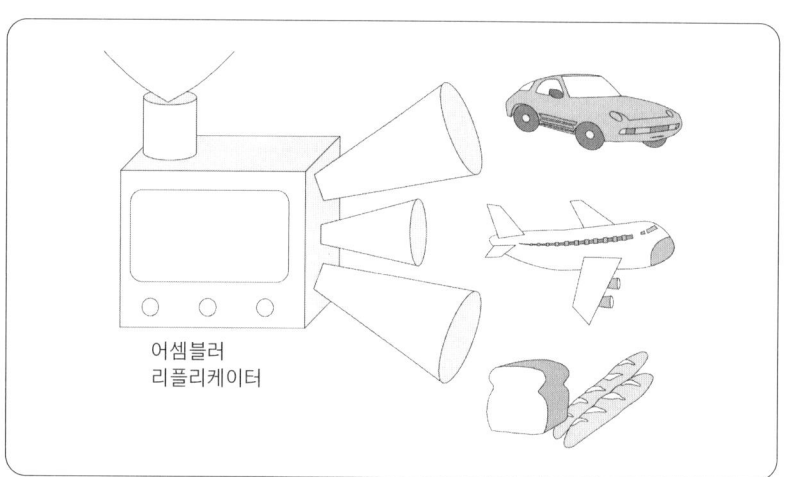

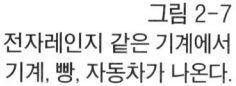

어셈블러
리플리케이터

라나서 보통 우리들의 음식이 되는 젖(우유)을 내거나, 소고기와 마른 양고기를 만들어 주고 있다. 그런 의미에서는 드렉슬러가 한 발상은 거짓말도 꿈과 같은 이야기만도 아니다. 아주 흔한 원료라도 프로그램에 따라 정확히 나열하는 프로세스를 거치면 확실히 유익한 물질로 만들어지는 것이다.

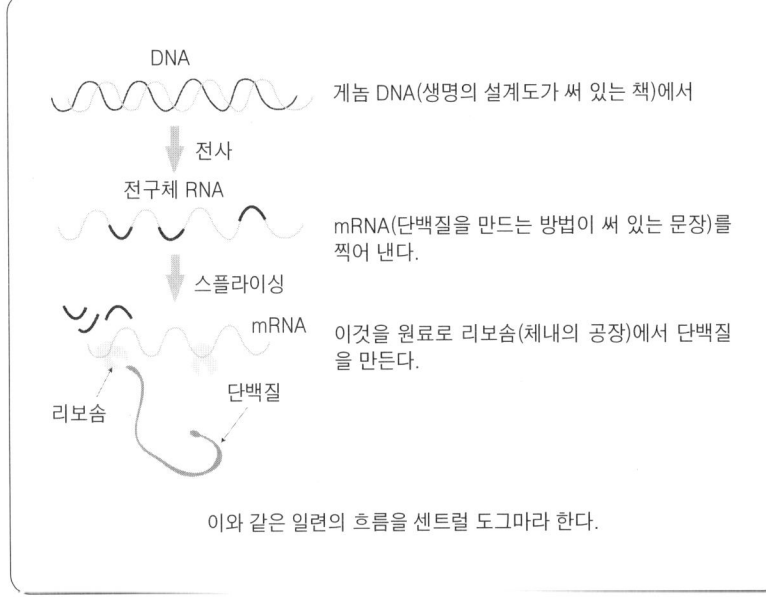

그림 2-8
센트럴 도그마

DNA

게놈 DNA(생명의 설계도가 써 있는 책)에서

전사

전구체 RNA

mRNA(단백질을 만드는 방법이 써 있는 문장)를 찍어 낸다.

스플라이싱

mRNA

이것을 원료로 리보솜(체내의 공장)에서 단백질을 만든다.

리보솜

단백질

이와 같은 일련의 흐름을 센트럴 도그마라 한다.

리보솜(Ribosome)

RNA와 단백질로 이루어져 있는 작은 과립.

세포질에 분포하며, 조면소포체의 표면에 부착되어 있다. 단백질 합성이 이루어지는 곳으로 호염기성이다. 모든 생물종의 세포에서 발견되고, 1개의 세포당 1,000~100만 개가 들어 있다.

리보솜은 30S 입자에서 mRNA와 결합하고, 그 유전 정보를 아미노아실화된 tRNA와 더불어 충실하게 번역해 가는 일종의 기계이다. 1969년에는 30S 입자를 RNA와 21종의 단백질 성분으로 분해시켜, 일정한 조건하에서 다시 원래의 생물 활성을 지닌 입자로 구성하는 데 성공하였다.

단백질 합성의 마지막 단계로서 분자생물학의 중심적 연구 대상이 된다.

Section 5 바이오 세계의 분자 기계

　실제로 생체에서는 DNA의 프로그램에 의해 여러 가지 분자 기계가 나노 스케일로 만들어져 있다. 예를 들면 그림 2-9는 인간 세포막의 일부분을 잘라낸 것이다. 막의 두께는 단지 1~10nm 정도이지만 여기에서 외부로부터 들어오는 분자를 판별하고 칼슘(Ca)과 나트륨(Na) 이온은 통과시키는 방법으로 인간의 신진대사를 조절하고 있다. 또 안테나처럼 생긴 올리고당은 주위의 물질이 적인지 아닌지를 분별하는 기능을 가지고 있다.

　그림 2-10은 F1 모터라고 하는 분자 기계이다. 이것은 우리들의 몸 중에서 모터처럼 힘차게 돌아가고 있으며 생물의 에너지원이 되는 ATP(Adenosine Triphosphate)의 물질 대사를 하고 있다. 이런 분자 기계는 부품이 나노미터 스케일로 정교하게 짜맞추어져 있다. 더욱이 우리들의 체온은 대략 $36°C$ 정도이기 때문에 특별히 고열을 가하는 것도 아니며 프로그램에 따라 짜맞추는 것으로 분자 기계를 만드는 것을 우리들의 생체도 소나 양과 같은 동물도 그리

그림 2-9
세포막의 일부

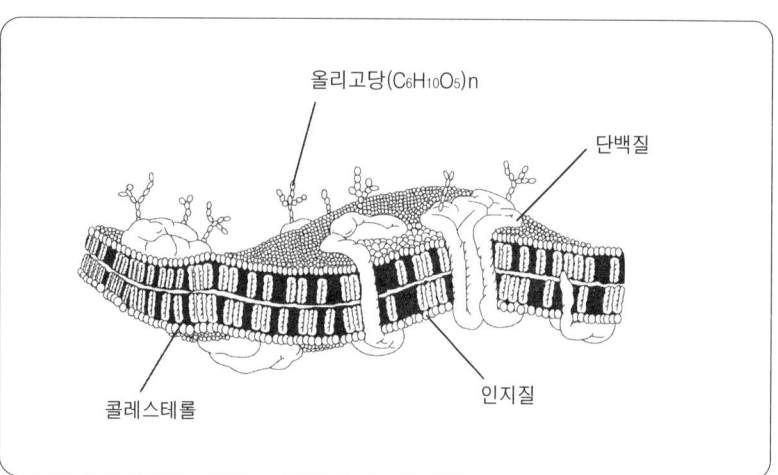

올리고당($C_6H_{10}O_5$)n

단백질

콜레스테롤

인지질

고 식물도 하고 있으며, 한층 더 나아가 그 분자 기계의 집합체로서 모든 생체는 이루어져 있는 것이다.

프로그램만 확실히 짜여져 있으면 그 정보에 따라 원료의 원자, 분자를 짜맞추는 것으로 매우 복잡한 조직체를 만드는 것이 가능하다는 것을 우리들의 몸은 증명해 주고 있다. 그러므로 언뜻 보기에 당치도 않은 드렉슬러의 발상은 이론적으로 확실히 바이오의 원리에 입각해 있는 것이며, 리보솜이 어셈블러이며, 복사체가 되는 나노 컴퓨터가 DNA이며, 우리들은 영양을 섭취해서 몸을 만들고 있다는 사실을 설명하고 있는 것에 불과하다고도 말할 수 있다.

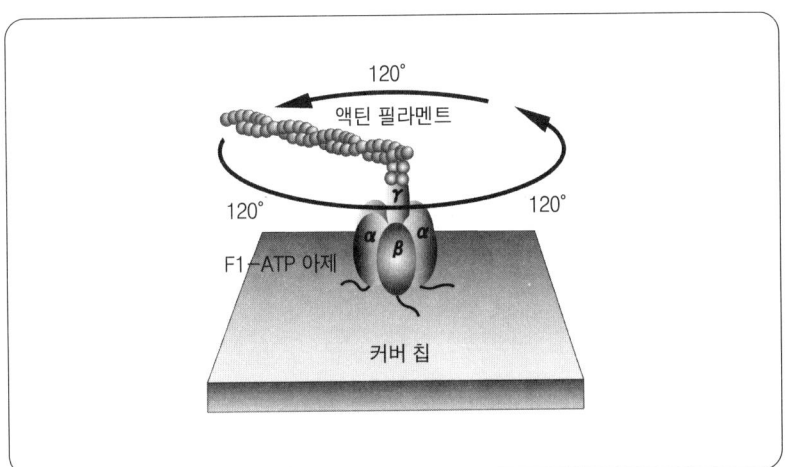

그림 2-10
F1 모터 : 액틴 필라멘트는 모터의 동작을 보기 위하여 인공적으로 부착하였다.
(NNI 팸플릿에서)

 **ATP(Adenosine Triphosphate)**

아데노신에 인산기(燐酸基)가 3개 달린 유기 화합물. 아데노신3인산이라고도 한다. 아데노신은 아데닌이라는 질소 함유 유기화합물에 오탄당(탄소 원자가 5개인 탄수화물의 일종)이 결부된 화합물이다.

아데노신3인산은 동물 · 식물 · 미생물 등 모든 생물의 세포 내에 풍부히 존재하는 물질이며, 생물의 에너지 대사에서 매우 중요한 역할을 하고 있는 물질이다.

이 ATP의 마지막 인산기와 두 번째 인산기는 고에너지 인산 결합으로 연결되어 있어서, 이를 보통 화학 결합처럼 −으로 표시하지 않고 ~와 같이 표시한다.

Section 6 생체에서 배우는 나노 테크놀로지

　　바이오의 세계에서는 분자 기계를 만드는 나노 테크놀로지가 당연한 것처럼 시스템화되어 있다. 그렇다면 우리들이 Bottom-up의 나노 테크놀로지를 발전시키기기 위해서는 자연과 생체에서 배우고, 바이오 이외의 물질도 포함된 여러 가지 물질을 만드는 제조 기술로서, 그 원리를 받아들이면 좋겠다는 발상이 있다. 이것이 바이오 원리에 따른 생체에서 배우는 나노 테크놀로지이다. 우리들이 바이오의 세계에서 보고 배워야 할 분자 기계를 만드는 데에 있어서 가장 중요하다고 할 수 있는 것은 DNA 유전자의 암호 프로그램과 리보솜이라는 어셈블러이다. 하느님은 DNA라는 프로그램을 우리에게 주었으며 그 설계도에 따라서 리보솜이 아미노산을 연결하

그림 2-11
레이저를 이용하여
인공적으로 기능 재료를
만드는 기술

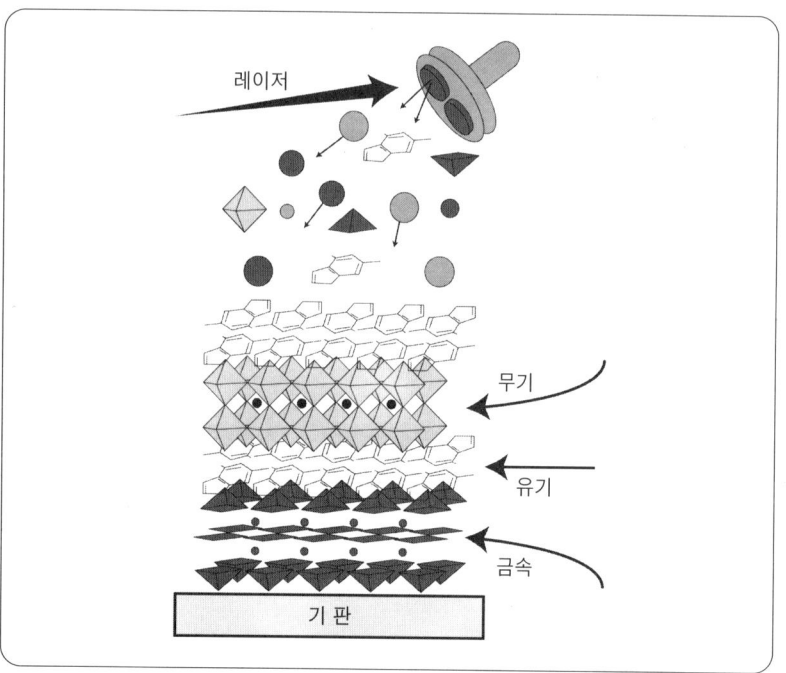

레이저

무기

유기

금속

기 판

여 물질을 만들고 있다. 인공적으로 그와 같은 것을 할 수 있다는 것이다. 즉, 인공의 컴퓨터에 프로그램을 입력하여 레이저 같은 것으로 원자를 움직이고 그것을 나열해 가면 생체가 만드는 것과 같은 인공적 기능 재료를 만드는 것이 가능하다는 것이다. 이처럼 바이오 원리로 익혀서 인공적으로 기능 재료를 만드는 기술은 생체에 비하면 아직 초기적 단계이지만 계속 행해지고 있다. 그 일례로서 레이저를 사용한 방법은 다음과 같이 행해진다(그림 2-11).

우선 원료가 될 수 있는 물질을 몇 개 나열해 둔다. 그 원료 하나하나가 아미노산과 같은 것으로 그곳에 레이저 빛을 쪼이면 원자·분자가 튀어 나온다. 우선 물질 A로부터 원자 a가 튀어 나와 기판 위에 나열된다. 다음은 물질 B에 레이저를 쪼이면 원자 b가 튀어나와 원자 a의 옆에 나열된다. 그것을 원자 c, 원자 d…. 계속해 나가면 프로그램에 따라서 원자를 인공적으로 나열하는 것이 가능하며 한층 더 나아가 나노미터 스케일에서 모든 것을 제어함과 동시에 물건을 만드는 것이 가능하다. 프로그램에 의하여 원자·분자를 나열해 가는 것으로 희망하는 재료를 정확히 만들어 분류할 수 있는 과학 기술의 근본에 관한 기술이라는 점 그것이 나노 테크놀로지의 매우 중요한 점이다. 그리고 바이오의 세계에서 실제로 행해지고 있는 것이 인공적인 것에도 적용될 수 있다는 것은, 단번에 과학 기술의 세계를 넓히는 큰 가능성을 나타내고 있다. 프로그램의 명령에 따르는 것과 원자·분자를 짜맞추어 가는 것 이 두 가지 생체에서 배운 방법은 제품의 제조 기술로도 실용적으로 응용되고 있다.

예를 들면, 프로그램의 명령에 따른다는 원리로 만들어지고 있는 것이 휴대폰이다(그림 2-12). 휴대폰 안에는 굉장한 수의 작은 장치가 들어가 있으며, 인간의 뇌에 해당하는 CPU와 기억을 하는 메모리, 전파를 판별하는 부분 등 여러 가지 부품으로 이루어져 있다. 그 제조 공정은 수천 가지에 이르기 때문에 최초에 그 공정을 컴퓨터에 프로그램으로 입력한다. 인간의 몸으로 말하자면 DNA에 정보를 집어넣는 것과 같은 것이다. 다음으로, 그 정보를 인터넷으

기능 재료

기존 재료의 용도인 구조용이 아닌 특수한 재료 고유의 기능을 지닌 여러 가지 재료들의 총칭.

보통 대량 생산되는 기존 재료와 대별되어 소량, 고부가 가치의 특성을 지닌다. 용도에 따라 전자 재료·자성 재료·광학 재료·절연 재료 등으로 분류되며, 이 외에 초경 박막 재료, 고분자 분리막 등 여러 가지가 이에 포함된다. 세라믹 재료, 고분자 재료 및 금속 재료와 이들의 복합 재료로 만들어진다.

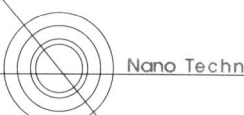
로 무인 공장에 보내어 그 정보에 따라서 레이저 장치가 가동하면, 예를 들어 용액 중에서 재료를 고형화시켜 부품 모양을 만들어 간다. 이것은 생체의 어셈블러인 리보솜이 단백질을 만드는 작업과 같은 것이다. 또는 레이저로 금형을 깎아 나가며 그 금형으로 복제를 만들어 나가는 것도 가능하며, 레이저 빛을 쪼여서 다층막을 만들 수도 있다. 요컨대, 프로그램에 의해서 레이저라는 어셈블러로 온갖 부품을 만들 수 있다. 이 핸드폰의 예에서 알 수 있듯이 프로그램을 사용한다는 생체 원리를 응용한 제품 기술은 지금 최첨단 기술로 이용되고 있다. 원자 · 분자를 짜맞춘다는 관점에서도 나노테크놀로지의 이상적인 모습을 짐작케 하는 기술의 예가 있다.

주위의 친숙한 기술인 양복의 재봉을 생각해 본다. 양복은 우선

그림 2-12
프로그램을 이용한 휴대 전
화의 제조

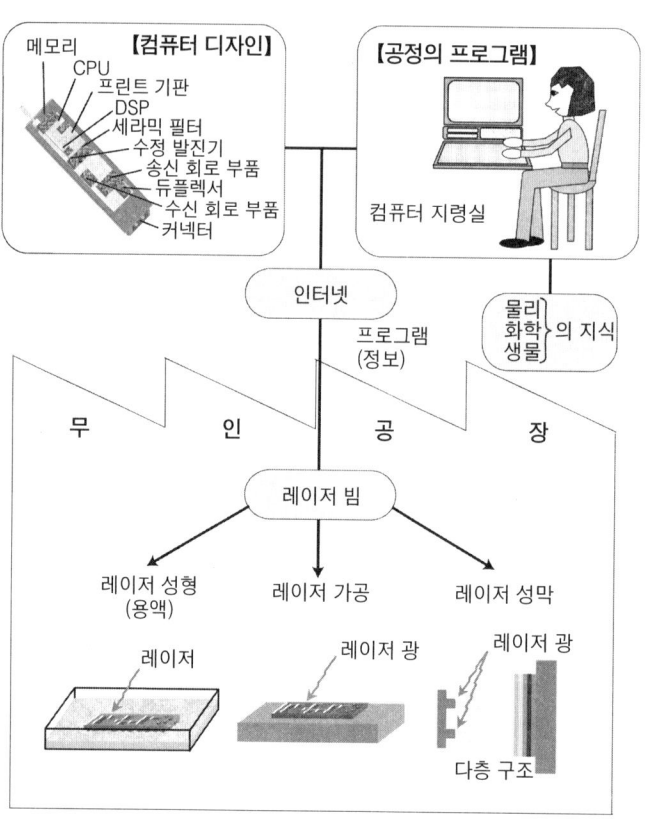

실을 짜고 그 실로 천을 만들어 그것을 디자인에 따라 자르고 꿰매어 맞추는 과정을 거쳐 만들어지지만, 1995년 이탈리아의 북부 도시 밀라노에서 개최된 국제 견본 시장에서 실을 기계에 넣으면 갑자기 옷이 짜져서 한 벌의 양복으로 직접 만들어지는 기계를 일본의 시마세이키(島精機)라는 회사가 출품한 적이 있다(그림 2-13).

게와 매미가 탈피를 한 허물은 옷과 같은 것으로, 바느질과 같은 연결한 곳이 전혀 없다. 전부 다 원자·분자를 나열해 가는 것으로 물질을 만들어 가는 원리에 의하면 몸의 형태에 맞는 옷의 모양을 하고 있으면서 꿰맨 흔적이 없는 옷을 만드는 것이 가능하다는 것이다. 현재의 기술은 아직 중간 단계인 실의 단계에서부터 시작하지만, 한층 더 나아가 원자·분자를 짜맞추는 것부터 시작하면 매미와 게의 허물과 같은 양복을 만드는 것도 가능한 것이다.

이후의 제조 기술은 이러한 방향을 향해 나아갈 것이며 생체의 원리는 새로운 물질을 만드는 발상으로써 중요해지고 있다. 프로그램의 명령에 따라 원자·분자를 나열해 나가는 나노 테크놀로지가 발전해 나가면 우리들 주변의 물질을 만드는 부분도 혁신적으로 변해 간다. 그런 의미로, 나노 테크놀로지는 세상을 크게 변하게 하는 힘을 가진 과학 기술이라고 말할 수 있다.

그림 2-13
실을 넣으면 옷이 짜여져 나오는 기계

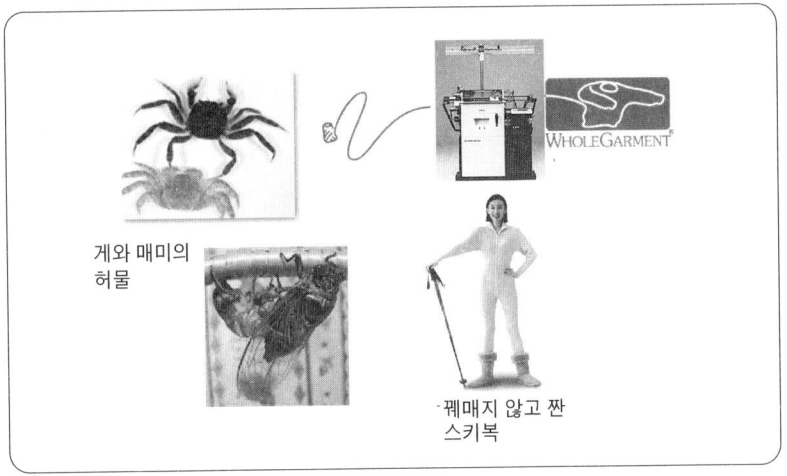

게와 매미의 허물

WHOLEGARMENT

·꿰매지 않고 짠 스키복

Section 7 왜, 지금 나노 테크놀로지인가

Top-down과 Bottom-up의 접근 방법에 의한 기술 영역이 지금 정확히 나노 스케일의 세계에 일치해 왔다. 이 장의 마지막으로, 지금 왜 나노 과학과 나노 기술이 중요하게 되었는지, 그 4가지 요인을 다시 정리해 두려 한다.

(1) 원자 · 분자 조작 기술의 발전

우선 첫 번째로, 원자와 분자를 직접 보아 가면서 조작할 수 있는 주사 탐침 현미경과 전자 현미경의 발전, 즉 원자 · 분자의 관찰과 조작 기술이 발전해 왔다. 이것에 의해 지금까지는 나노미터의 세계라는 것이 우리들에게 있어서 막연한 것일 수밖에 없었지만 단번에 눈으로 볼 수 있게 되고 조작할 수 있게 된 것이다.

여기서, 과학의 하나의 패러다임이 변했다고 할 수 있겠다.

예를 들면, 옛날에는 별을 바라보아도 점으로밖에 보이지 않았다. 그렇기 때문에 그림 2-14의 왼쪽에 있는 그림처럼 그릴 수밖에 없었다. 그 후 갈릴레오가 망원경이라는 기구를 발명한 결과, 토성에

그림 2-14
과학 기술 패러다임의 전환

는 고리가 있으며, 목성에는 위성이 있다는 것을 직접 눈으로 보아서 알 수 있게 되었으며 그로 인해 천문학이 단번에 진보했던 것이다.

현재의 나노 테크놀로지도 기술의 진보가 과학의 진보와 정확히 일치하며, 원자 · 분자를 다루는 기술의 발전이 지금 나노 테크놀로지를 과학 기술로서 확립시킨 제1의 요인이라 말할 수 있다.

(2) 반도체 미세 가공 기술의 진전

두 번째로, 반도체의 가공 기술이 발전하여 가공 크기가 나노미터에 접근한 것이다. 즉, 가늘게 깎는 기술, Top-down의 나노 테크놀로지가 발전하여 반도체 기술과 연마 기술 등은 완전히 나노미터의 세계 그 자체가 승부처로 되었다.

(3) 원자 · 분자 조합 기술의 진전

세 번째는, 원자와 분자의 자기 조직화 현상을 이용하여 재료 개발이 가능하게 된 것이다. 정보에 따라 물질과 재료가 조직화하듯 나노 스케일로 그 부품을 짜맞추어 가는 Bottom-up의 기술이 현저하게 발전해 왔으며 새로운 세계를 만드는 가능성이라는 의미로 이것은 대단히 중요하다.

(4) 나노 스케일에 있어서 새로운 기능과 현상의 발견

그리고 나노 스케일을 직접 관찰할 수 있게 되고, 극미의 세계까지 깎을 수 있게 되었으며, 원자 · 분자를 짜맞추는 것도 가능하게 되어, 기술이 나노 영역에 진입함으로써 알 수 있게 된 것은 나노 스케일에 있어서 매우 흥미 있는 물성과 기능이 나타난다는 것이다. 이것이 나노 테크놀로지를 크게 주목할 점이다.

원자 레벨에서는 그 크기가 너무 작아서 원소 100종류의 물성밖에 나타나지 않으며, 마이크로미터가 되면 물질의 크기가 너무 커서 집합체로서의 물성밖에 보이지 않았지만, 정확히 나노미터 스케일에서 기능이라는 것을 드러내며, 그 최소 단위에 있어서 여러 가지 새로운 현상을 볼 수 있다는 것을 알 수 있게 되었다. 재료에서는 탄소 나노 튜브와 같은 신물질, 화학에서는 초분자의 새로운 세계, 바이오에서는 단백질이 나타내는 모듈(Module)이라는 최소 단위의 물질, 물리에서는 메조스코픽(Mesoscopic) 현상 등 흥미 깊은 기능과 현상이 일거에 발견되어 나노 스케일의 기술이 과학 기술로서 매우 재미 있는 분야가 된 것이다.

이처럼, 지금 나노 과학과 나노 기술이 현실적으로 다가와 있으며 나노 스케일에 관한 기술이야말로 현재의 과학 기술의 가장 중요한 과제가 되고 있는 것이다.

메조스코픽(Mesoscopic)

메조스코픽 물리학(Mesoscopic physics)이란 크기가 나노미터에서 마이크로미터 범위인 농축체에 관한 물리학을 말한다.

메조스코픽계(mesoscopic system)는 미시계(microscopic system)로부터 거시계(macroscopic system)로 가는 중간 단계로서 양자 및 통계 역학의 이해에 유용할 뿐 아니라, 새롭고 고유한 성질을 나타내어서 근래에 많은 관심을 끌고 있다. 특히 나노 기술(nanotechnology)의 발달로 소자들이 양자 극한에 접근함에 따라 메조스코픽계의 연구는 이론적인 관심과 더불어 실용적인 면에서도 중요하며, 복잡한 실제 세계의 다양한 협동 현상과 양자 현상을 이해하는 데 도움을 줄 것으로 기대된다.

이러한 계에서 상호 작용(interaction)과 방해(frustration) 및 랜덤 장애(random disorder) 등의 효과는 물리적 성질에 중요한 영향을 미치며, 특히 열 요동 및 양자 요동이 큰 역할을 하는 낮은 차원의 계에서 흥미롭다.

예를 들어 메조스코픽계의 전형이라 할 수 있는 낮은 차원의 다입자계(many-particle system)는 전자들의 상관 효과나 랜덤 효과에 따라 초전도, 절연체, 금속 등 전혀 다른 특성을 나타내며, 양자 간섭성(quantum coherence)에 기인하여 지속 전류(persistent current), 쿨롱 갭(Coulomb gap), 보편 전도도 요동(universal conductance fluctuations), 다발 상태(flux state), 양자 홀 효과(quantum Hall effect) 등 흥미로운 현상과 양자 혼돈(quantum chaos)의 가능성을 보인다.

CHAPTER
3 나노 테크놀로지의 기초가 되는 기술

Section 1 나노 구조를 해석하는 현미경 기술

지금까지 나노 테크놀로지란 무엇인가, 왜 이것이 중요한가에 관해 알아보았다. 이제부터는 여러분이 궁금해 하는 나노 테크놀로지에 대하여 구체적으로 언급하려 한다.

나노 테크놀로지란, 원자 및 분자의 나노미터 스케일의 구조·성질을 제어하여 새롭고 특이한 기능을 발견하거나 디바이스를 만들거나 하는 기술이었지만, 다시 그 과정에서 요구되는 기술들이 하나 둘 나오게 되었다. 이 장에서는 폭 넓게 과학 기술 전반에 관련된 나노 테크놀로지에 있어서 그 기반이 되는 기술에 대해 살펴보려 한다.

(1) 주사 탐침 현미경

그림 3-1은 DNA의 현미경 사진이다. 나선 구조를 가진 DNA의 모습은 현대인의 일반적 상식이 되어 있지만, 실은 아주 최근까지 DNA를 직접 눈으로 보는 것은 불가능하였다. 그것을 가능하게 한 것이 바로 현미경의 발달이다. 그리고 이 현미경의 발달로 인한 나노 스케일의 구조 해석 수단이 발달되어 온 것 자체가 눈부신 발전을 보이는 나노 테크놀로지의 무엇보다도 큰 원동력이 되고 있다.

여기서, 첫 번째로 나노 스케일의 물질 구조를 해석하는 대표적인 방법에 대해 살펴보려 한다. 1980년대에 개발된 비교적 새롭고 획기적인 현미경이 주사 탐침 현미경(SPM ; Scanning Probe Microscope)이다. 주사 탐침 현미경이란 원자 스케일에까지 날카롭고 뾰족하게 한 침(탐침 ; Probe, Tip)을 시료인 고체 표면에 직접 접촉 또는 근접시켜 위에서 고체 표면을 왕복하며 쓸듯이 스캐닝(주사)하여 그 고체 표면의 형상을 알 수 있는 현미경의 총칭이다. 또한 형상뿐만 아니라 자기력과 정전기적 반발력 등의 시료가

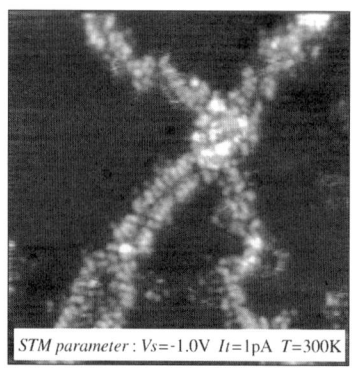

그림 3-1
DNA의 주사 탐침 현미경 사진

STM parameter : V_s=-1.0V I_t=1pA T=300K

가지는 여러 가지 힘 즉 특성을 감지하는 것도 가능하다. 그리고 모양을 스캐닝하거나 여러 가지 힘의 분포를 아는 것에 의해 시료의 형상과 자기적, 전기적 성질을 화상으로 표시할 수도 있다.

　그러한 주사 탐침 현미경에는 주사형 터널링 현미경(STM ; Scanning Tunneling Microscope)과 원자력 현미경(AFM ; Atomic Force Microscope) 등이 있다. 대표적인 STM은 시료에 침을 접근시켜 갈 때, 그 침과 시료 사이의 공간을 투과하는 전류를 측정하는 원리의 현미경이다. 터널링 전류를 측정하는 STM은 시료가 전도성을 띠지 않는 경우에는 사용할 수 없다. 전도성이 없는 시료에 사용하는 것이 AFM으로 이것은 시료와 탐침 간에 작용하는 원자 간의 힘을 감지하는 것이다(그림 3-1).

　그림 3-2가 SPM의 원리이며, 그림처럼 탐침이 있어 그 바늘에 압전 소자(Piezo Aductor) 즉 일정한 방향에서 전압을 가하면 신축하는 전자 소자가 x, y, z의 3방향으로 연결되어 있다. 그 소자에

압전 소자

압전기란 어떤 종류의 결정판(結晶板)에 일정한 방향에서 압력을 가하면 외력에 비례하는 양·음의 전하가 판의 양면에 나타나는 현상이다.

1880년 프랑스의 자크 퀴리와 피에르 퀴리 형제가 처음 발견하였다. 이후 한 장의 결정판에 나타나는 압전기는 미약하지만 금속박을 삽입하면서 여러 장을 겹칠 경우 그 양이 크게 증대된다는 것이 알려졌다. 또 결정판에는 고유의 진동이 있고 탄성 진동과 전기 진동이 일치하면 더욱 강한 진동이 일어난다는 사실도 발견되었다.

그림 3-2
주사 탐침 현미경의 원리도
(川合硏究所 Web에서)

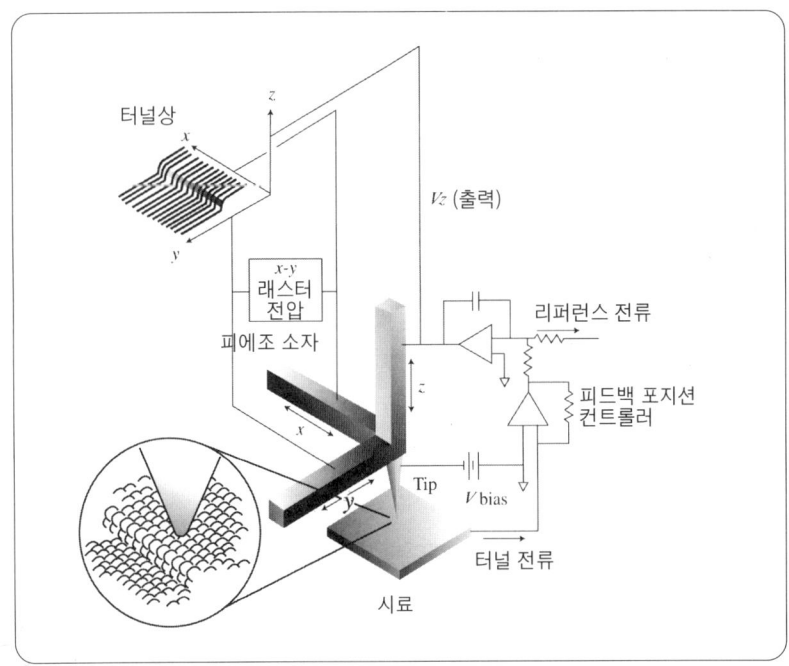

전압을 걸면 탐침이 시료에 다가가거나(z축), x 또는 y축으로 움직인다. 이 원리로 탐침을 움직일 수 있으며 시료를 천천히 스캐닝하여 탐침 끝에서 시료가 가지고 있는 힘을 감지하고 시료 표면의 요철 또는 STM으로 시료의 전자 상태와 자기력 현미경(MFM ; Magnetic Force Microscope)으로 시료의 자기력 등을 2차원적으로 표시해서 화상화할 수 있다.

그림 3-3이 STM으로 관측한 실리콘 표면의 화상이다. 이처럼, 원자가 어떻게 나열되어 있는지 어디에 원자의 빈 구멍이 있는지를 한눈에 볼 수 있으며 시료의 형상 이외에도 전자 상태와 자기력, 전기의 반발 등을 알 수 있다. 그림 3-4는 구리 프탈로시아닌이라는 색소 분자로 네 장의 잎과 같은 모양이 선명하게 보인다.

그림 3-3
실리콘(111) 면의 7×7 구조 STM상과 모델도((100) 면과는 다른 각도에서 자른 표면)
(왼쪽 사진 : 西川治 편저, 「주사형 프로브 현미경−STM에서 SPM으로」, 丸善 p14에서)

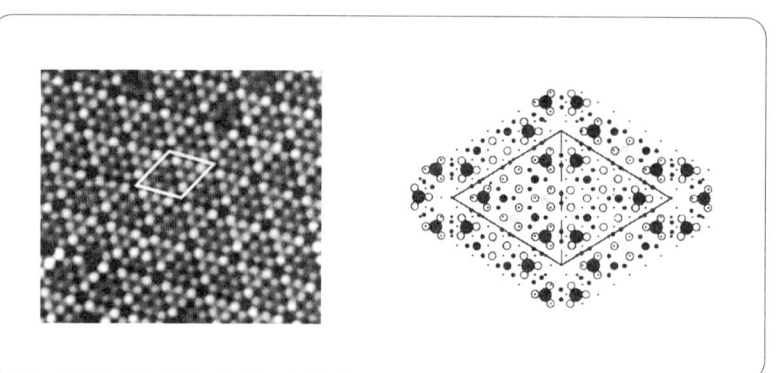

그림 3-4
프탈로시아닌의 SPM상과 분자 구조
(H. Tanaka and T. Kawai : Jan. J. Appl. Phys. 35 (1996) 3759−3763에서)

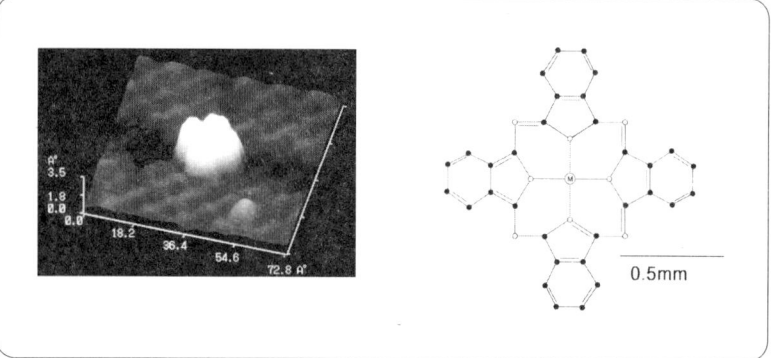

그리고 SPM은 물질, 재료를 관찰하는 것뿐만 아니라 그 탐침을 사용해 원자를 하나씩 조작할 수도 있다. 이것은 우연히 발견되었지만, 탐침에 전압을 가하여 원자를 탐침에 달라붙게 하거나 원자와 원자 사이에 탐침을 넣어 눌러 줌으로써 원자 간의 연결을 절단할 수도 있다. 1991년에 IBM의 Donald M. Eigler 박사가 그 방법을 이용하여 크세논(Xe ; Xenon) 원자를 나열하여 IBM이라는 글자를 나노 크기로 썼다(그림 3-5). 이것은 처음에 여기저기 흩어져 있는 원자에 침을 접근시켜 하나하나 움직여서 문자 형태로 나열한 것이다. 그림 3-6은 이황화몰리브덴(MoS_2)에서 황 원자를 팅겨내는 것에 의해 쓰여진 세계 최소의 글자이다. 이와 같이 STM에 의해 가능해진 원자를 하나씩 조작하는 기술은

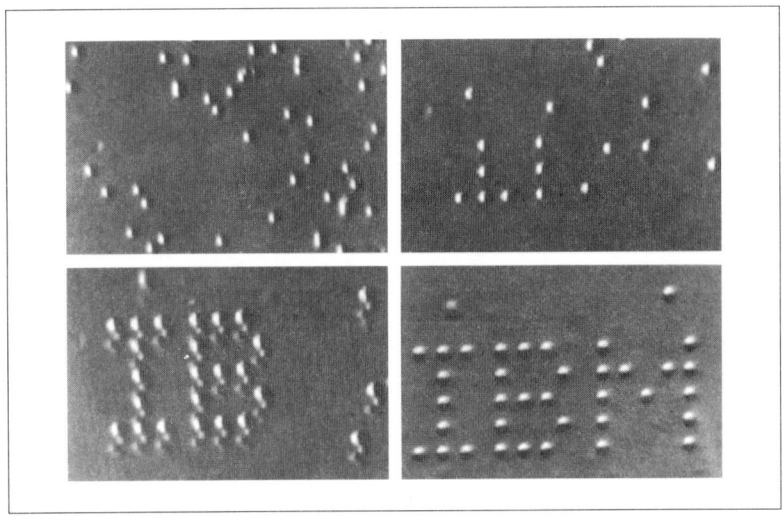

그림 3-5
크세논 원자로 쓴 문자
(일본 IBM 제공)

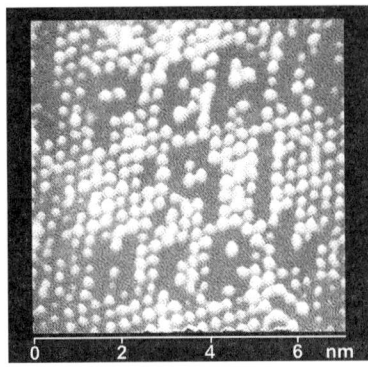

그림 3-6
세계에서 가장 작은 문자
(日立製作所 제공)

전자볼트

에너지의 단위. 기호 eV. 1개의 전자 또는 그것과 동량인 전하를 가지는 입자가 전위차 1V인 전극 사이에서 가속될 때 얻는 에너지를 1eV로 한다.

$1eV=1.602\times10^{-19}J$
$\quad\quad=1.602\times10^{-12}erg$

이다.

소립자(素粒子)나 이온의 에너지를 나타내거나 입자 가속기의 가속 성능을 나타내는 경우에도 사용된다.

technology라 불리며, 장래의 나노 테크놀로지 발전의 일각을 담당할 매우 중요한 기술이다.

(2) 전자 현미경

SPM보다도 훨씬 역사 깊은 1930년경에 나온 전자 현미경은 매우 가늘게 모은 전자 빔을 시료에 쪼임으로써 그 확대상을 얻는 장치이다. 현재에는 원자 한 개까지 볼 수 있는 분해능이 실현되어, SPM과 함께 나노 테크놀로지의 유력한 무기인 현미경이다.

그 원리에 따라 투과 전자 현미경(TEM ; Transmission Electron Microscope), 주사 전자 현미경(SEM ; Scanning Electron Microscope), 전자 손실 분광형 전자 현미경(Electron Energy Loss Spectroscope Microscope) 등 몇 가지 종류가 있다.

그 장치의 메커니즘(그림 3-7)은 전자총으로부터 나온 전자 빔이 몇 개의 조리개 렌즈를 지나 모여져 시료에 닿으면, TEM의 경우는 시료를 투과한 전자 빔을 다시 렌즈에 의해 확대하여 화상이 되며, 에너지 손실 현미경은 전자 빔이 시료에 입사하여 산란되었을 때 그 전자들의 에너지 손실을 분석함으로써 시료의 전자 상태를 조사하는 것이다. 또, SEM의 경우는 전자총에서 나온 전자를 어떤 한 곳에 집중시켜 그곳에서부터 튀어 나온 2차 전자를 분석하며 스캐닝하면서 그 2차 전자의 많고 적음 등을 측정한다. 이 SEM에 의해 박막 등의 샘플의 나노 스케일 형상을 알 수 있으며, 다시 더 확대하면 어떻게 원자가 나열되어 있는가를 볼 수 있으며, 샘플에 전자선을 쪼였을 때에 나오는 X선을 분석함으로써 어떤 원소가 있는지도 알아볼 수 있다. 이와 같이, 나노미터 스케일의 물질의 전자 상태와 형상을 보는 것에 편리하도록 전자 현미경이 매우 발달하여 왔다.

나노 테크놀로지에 사용되는 두 종류의 현미경은 각각 얻을 수 있는 정보가 다르다. 전자 현미경으로는 100~200keV라는 매우 높은 에너지의 전자를 시료에 쪼이기 때문에 원자의 표면이 아니라 그 내부에 있는 모든 전자의 양을 보며 전자의 분포를 조사할 수 있다. 이것과는 대조적으로 SPM은 내측에 있는 전자까지 보는 것이 아니라 표면에 있는 전자 상태를 보며 원자의 배열 상태를 알 수 있는 차이가 있다.

두 종류의 현미경의 차이는 원거리에서 시료에 전자 빔을 쪼이는 전자 현미경은 파괴력 강한 권총과 같으며, 침을 접근시키는 SPM은 섬세히 자르는 칼과 같다고 할 수 있다. 같은 무기지만 전혀 다른 성격을 띤다. 또한, SPM으로는 자기력 등 시료에 있는 여러 가지 힘을 직접 검출할 수 있지만, 전자 현미경은 어디까지나 전자가 어떻게 분포하고 있는가를 본다는 점에서도 큰 차이가 있다. 전자 현미경과 SPM, 두 현미경 모두 같은 기능으로 전자 빔을 사용하여 구멍을 내거나 선을 그리거나 하는 것이 가능하며 관찰 기능뿐만 아니라 가공 장치로도 사용되고 있다.

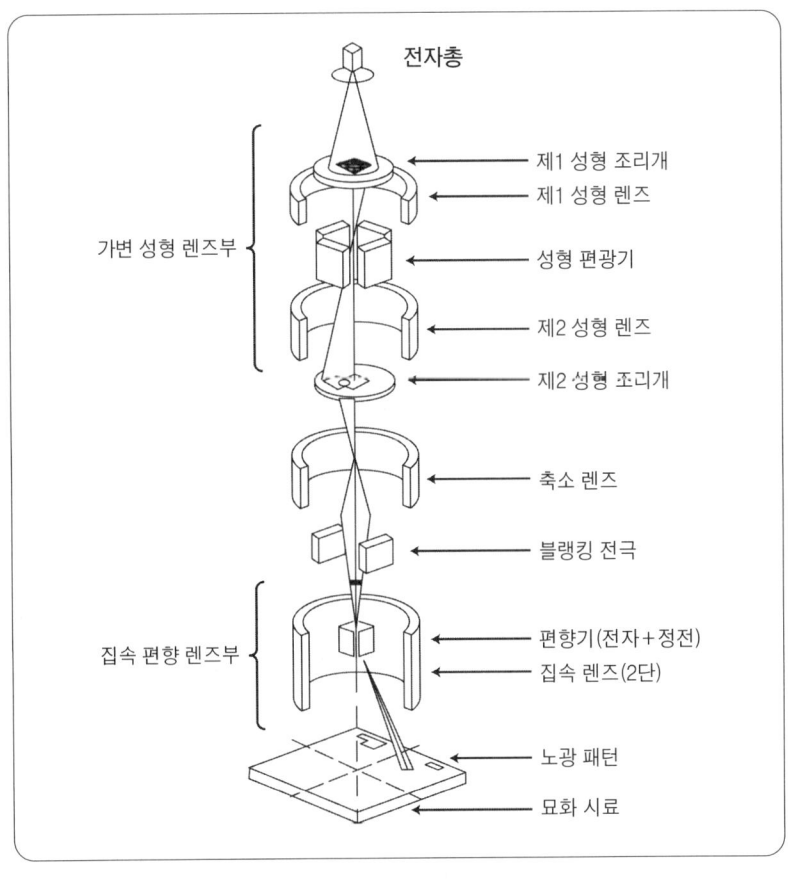

그림 3-7
전자 현미경과
묘화(描畵) 장치의 원리
(右高正俊著「新LSI工學入門」
(Ohm社)에서)

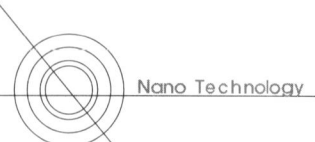

Section 2 여러 가지 나노 구조의 해석법

물질 · 재료의 나노 구조를 조사하는 방법으로 SPM과 전자 현미경을 사용하는 이외에도 X선 회절법, 방사광 회절법, 핵자기 공명법, 전자 분광법, 적외 분광법 등이 이용되고 있다.

물질 · 재료의 나노 구조를 조사하는 방법으로 SPM과 전자 현미경을 사용하는 이외에도 여러 가지 방법이 있다. 고체 물질의 결정 구조(3차원의 주기적인 원자 배열을 가진 고체의 구조)를 조사하는 일반적인 방법으로는 X선 회절법(XRD ; X-ray Diffraction)이 있다. 회절은 빛과 소리 또는 전파 등의 같은 파가 장애물에 충돌하여도 장애물의 뒤로 돌아가는 현상이다. X선 회절법의 원리는 구리, 철 등의 음극에 전자선을 쪼일 때 방사되는 X선을 시료에 입사시켜 그 X선의 파장과 비슷한 주기의 원자 배열이 있으면 각도에 따라 X선의 파가 회절하는데 그 회절 상태를 분석하여 원자 · 분자의 구조를 알아내는 것이다. 그러나 통상의 X선 분석법에서는 해석 대상의 원자 배열이 1nm, 10nm와 같이 주기가 커짐에 따라 X선의 간섭이 약해져 회절이 일어나기 어려워진다. 즉, 통상의 X선으로는 수 옹스트롬(Å ; Angstrom, $1nm \fallingdotseq 10\text{Å}$)의 주기 구조 해석에는 알맞지만 나노 스케일의 구조는 그 크기가 커서 잘 보기 힘들다. 또, 생체 물질처럼 탄소로부터 만들어진 원소가 가벼운 물질인 경우도 회절할 때 그 강도가 매우 약해지는 점이 있다. 이것은 가벼운 원소는 전자의 수가 적기 때문에 X선을 입사시켜도 전자가 그다지 산란하지 않기 때문이다.

그 때문에 나노 테크놀로지에서는 단백질 또는 초격자 등의 긴 주기를 가진 구조의 물질 · 재료 분석에는 X선 대신 매우 강한 빛인 방사광(싱크로트론 방사 ; Synchrotron Radiation)을 사용한 회절법이 이용되고 있다.

핵자기 공명법(NMR ; Nuclear Magnetic Resonance)도 나노 물질의 구조 해석에 자주 사용되고 있으며, 이것은 분자 구조 특히 단백질처럼 큰 분자의 구조를 결정하는 데 사용되는 방법이다.

싱크로트론 방사
광속(光速)에 가까운 속도로 움직이는 전자와 양전자와 같은 하전 입자(荷電粒子)가 싱크로트론 가속기나 저장 링(storage ring)에서 원 운동을 할 때 방출되는 전자기파.

NMR에 의한 화상화는 의학과 생물학에서 특히 많이 이용되고 있으며, 생체의 임의의 단층상을 얻을 수 있는 MRI(Magnetic Resonance Imaging)는 그 일례이다.

NMR법은 샘플에 강한 자장을 가해 주는 방법으로서 원자핵의 스핀 자전이 분열된 에너지 준위에 마이크로파를 쪼여 주어 물질 중에 함유되어 있는 핵 스핀의 에너지 준위 간의 전이를 알 수 있으며, 이것에 의해 원자가 어떤 환경에 놓여 있는지 알 수 있다. 이것을 계속적으로 분석하면, 메틸기(methyl-)와 아미노기(amino-)가 붙어 있는 것 또는 어떤 모양을 하고 있는가를 알 수 있다. NMR은 큰 주기를 가진 유기 분자와 생체 분자의 구조 분석에 매우 유용한 방법이다.

그 외에 물질에 전자 빔을 조사하여 거기서 나오는 전자 에너지를 분광하는 전자 분광법과 적외 분광법 등도 나노 구조 분석의 수단으로서 이용되고 있으며, 여러 가지 방법이 구사되어 나노 스케일의 구조 해석은 발전하고 있다.

핵자기 공명법

원자핵의 자기화(磁氣化), 즉 핵자기에 의한 자기 공명 현상.
미국의 I.I.라비가 최초로 원자빔·분자빔에 의한 핵자기 공명법을 개발하였다.

광전자 분광법(光電子分光法, Photoelectron Spectroscopy)

전자 분광법의 하나.

전자를 발생시키는 데 단색광(電磁氣波)을 사용하므로 이렇게 불린다. 단색광으로는 분광한 진공 자외선광(眞空紫外線光), 헬륨의 공명선(共鳴線) HeI(58.4nm : 21.21eV)이나 AlK-α 또는 MgK-α와 같은 시성(示性) X선 등이 이용된다. HeI를 사용할 경우는 주로 분자의 전자 에너지 준위(準位)나 진동 준위에 대한 정보를 주므로 분자 광전자 분광법(molecular photoelectron spectroscopy)이라고도 한다.

좁은 뜻으로는 AlK-α나 MgK-α를 사용할 경우는 안껍질의 준위에 대한 정보를 주므로, X선 전자 분광법 또는 에스카(ESCA)라고도 한다. 진공 자외선광(眞空紫外線光)으로는 여러 가지 에너지 준위에 대한 스펙트럼으로부터 주로 원자가 전자띠(原子價電子帶, valence band)의 전자에 대한 정보를 얻을 수 있다. 광전자 분광은 전자 분광법의 주요한 분야로서 물성(物性) 연구의 중요한 수단이며, 원소 분석 및 상태 분석을 비롯한 분석·유기 화학·촉매 연구 등 넓은 범위에 응용되고 있다.

나노 가공과 나노 연마

반도체 칩 등 물질 · 재료
의 미세 가공에서는 일반
적으로 전자선 또는 빛 혹
은 이온의 가느다란 빔을
사용해 물질 · 재료를 깎
아가는 방법을 사용한다.
이런 방법은 광범위하게
가공하는 경우에도 일일
이 파내지 않으면 안 되기
때문에 생산 현장에서 사
용하기 위한 기술로는 무
리가 있어, 리소그래피
(Lithography)라는 방법이
개발되었다.

(1) 초미세 가공

측정, 해석에 의해 나노 세계가 관찰할 수 있게 된 다음에는 나노 스케일로 물질을 직접 만들고자 하는 욕망이 생겼다. 그 방법으로 는 위에서부터(Top-down)와 아래에서부터(Bottom-up)의 2가지 방법이 있으며, 우선 Top-down에 의한 가공 기술에 관하여 살펴보 려 한다.

반도체 칩 등 물질 · 재료의 미세 가공에서 일반적으로 행해지는 것은, 전자선 또는 빛 혹은 이온의 가느다란 빔을 사용해 물질 · 재 료를 깎아가는 방법이다. 가장 전형적인 방법은 가느다란 이온 빔 을 이용하여 물질 표면에 있는 원자를 튕겨내어, 도장을 파듯이 파 들어 가는 방법이다. 단, 이런 방법은 광범위하게 걸쳐 가공하는 경 우에도 일일이 파내지 않으면 안 되기 때문에 생산 현장에서 사용 하기 위한 기술로는 무리가 있다.

그래서 생겨난 것이 리소그래피(Lithography)라는 방법이다. 리소그래피의 과정으로는, 우선 한 디바이스의 설계도를 마스크 (Mask)라 불리는 금속 판에 설계도에 따라 특정 부분은 빛을 통과 시키고 다른 부분은 빛을 통과시키지 않게 가공한다. 설계도에 따 라 만들어진 마스크에 빛을 쪼여 렌즈로 그 빛을 집중시키면 1000 분의 1, 10000분의 1과 같이 설계도의 패턴이 축소 투영된다. 여기 서 미리 디바이스의 기판이 되는 실리콘 등의 재료에는 감광제를 발라 두고 그 기판에 빛을 축소 투영하면 기판 위에 설계도의 패턴 대로 사진 촬영되듯이 감광제가 가열되어 붙는다.

기판에 발려지는 감광제는 레지스터(Resister)라 한다. 레지스터 에는 빛을 쪼이면 광화학 반응을 일으켜 고체화되거나 중합하는 분

자가 사용된다. 중합하지 않은 부분의 레지스터는 이 부분을 녹여
낼 수 있는 특정 용액으로 녹인다.

그렇게 패턴이 촬영된 기판을 중합하지 않은 레지스터만 녹이는
용액에 넣으면 빛이 쪼였던 레지스터의 굳은 부분은 녹지 않고, 그
이외의 곳은 전부 녹아서 패턴이 남아 디바이스의 부품이 형성되는
것이다(그림 3-8).

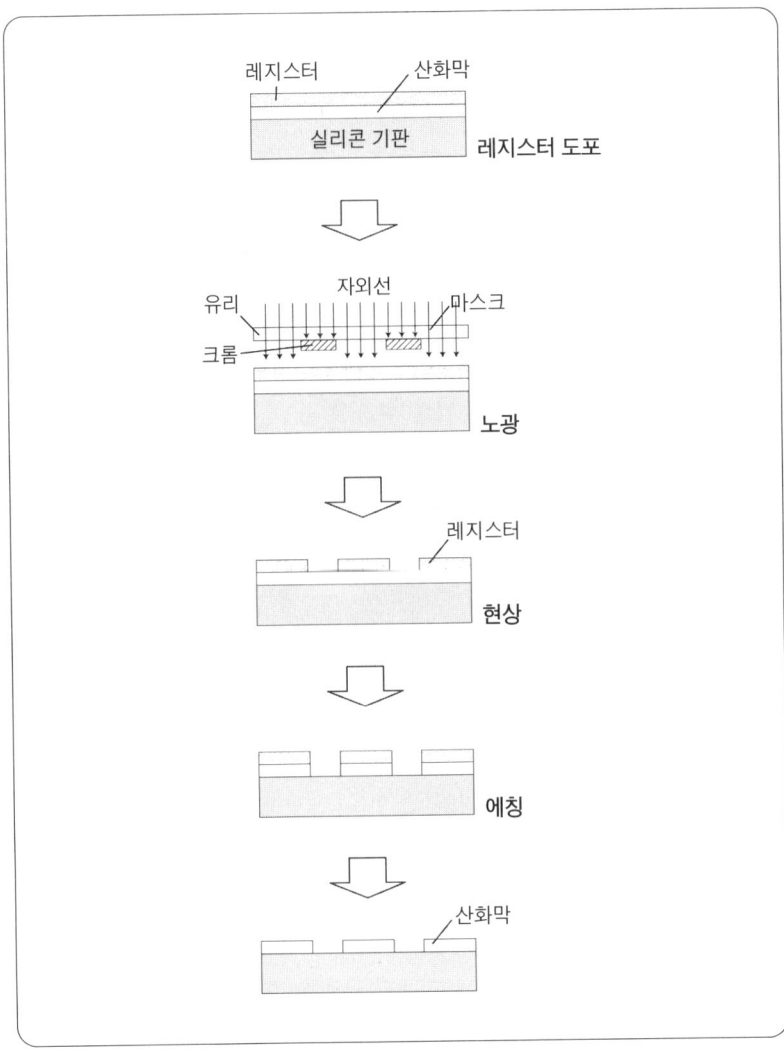

그림 3-8
리소그래피의 공정
(테크노라이프 選書
鈴木敏正著 「작은 거인
초LSI의 세계」(Ohm사)에서)

이런 원리는 동판화의 에칭(Etching)과 리소그래피(Lithography)라 불리는 방법과 동일하다.

이런 리소그래피 방법을 이용하면, 매우 광범위하게 미세한 패턴을 가공하는 것이 가능하다.

리소그래피 기술이 나노 스케일에서도 사용할 수 있게 된 것은 가공에 사용하는 빔 광선의 파장을 어느 정도 짧게 할 수 있는지와 레지스터에는 어떤 분자가 유효한지에 대한 연구가 진행되어 왔기 때문에 가능해진 것이다.

재료를 가공할 때에는 빔 광선의 파장이 짧으면 짧을수록 가는 선을 그릴 수 있으며 미세하게 가공할 수 있는 것이다. 그러나 어떠한 경우에라도 발생하는 회절 현상 때문에 파장의 절반 정도 크기가 가공하는 정밀도의 한계가 되며 그 이하의 미세한 가공을 하려면 선폭이 흐려져 선명하지 못하다. 그렇다면, 확실히 어찌 되었든 파장이 짧은 광선을 사용하면 좋기 때문에 최초에는 수은 램프로부터의 자외선을 사용하였던 것이 최근에는 보다 파장이 짧은 엑시머 레이저(Excimer Laser)가 사용되고 있다. 파장이 10~100nm 이하의 방사광을 사용하면 더욱 미세한 가공을 할 수 있으리라는 생각으로, Top-down의 가공 기술은 나노미터 스케일에까지 돌입하여 있다.

이렇게 해서 하나의 칩 위에 100만 개, 경우에 따라서는 1000만 개의 선이 그려지며 매우 복잡한 패턴을 가진 반도체 칩이 만들어지고 있다. 이런 나노 스케일의 가공 기술은 반도체 회로 이외에 마이크로머신(MEMS : Micro Electro Mechanical System)을 만들기 위해 사용되고 있다.

(2) 나노 연마

미세 가공에서는 재료를 깎고 파들어 가는 기술뿐만 아니라 표면을 연마해서 평평하게 하는 기술도 빠뜨릴 수 없는 기술이다. 나노

빔 광선의 파장이 짧으면 짧을수록 가는 선을 그릴 수 있으며 미세하게 가공할 수 있기 때문에, 최초에는 수은 램프로부터의 자외선을 사용하였으나 최근에는 보다 파장이 짧은 Excimer 레이저가 사용되고 있다.

스케일의 미세 가공에서는 디바이스의 기판이 되는 재료도 당연히 나노 스케일의 정밀한 평면이 요구되고 있다. 기판에 100nm의 울퉁불퉁함이 있어도 그것은 우리들의 눈으로 보기에는 아주 정말 평평하게 보이지만, 두께가 200nm의 층을 올린 콘덴서를 만들려고 하면 아무리 정성들여 막을 만들어도 기판의 요철에 의해 쇼트해버려 전혀 콘덴서로서 역할을 할 수 없다. 그러므로 만들고 싶은 장치의 적어도 10분의 1에서 100분의 1 정도의 정밀도로 기판의 표면을 평평하게 만들 수 있는 연마 기술이 필요한 것이다.

물질의 표면을 원자 수준으로 평탄하게 하는 한 가지 방법으로서, 금속의 경우에는 연마해서 그것을 가열하는 열 처리(Annealing) 방법이 있다. 그러나 가공하기 위해 열을 가하지 않으면 안 되기 때문에 이 방법을 사용할 수 없는 경우도 많이 있다.

그래서 표면을 직접적으로 원자의 레벨까지 가공하는 기술이 발달되어 왔다. 연마 기술이 나노 스케일에 진입하기 이전에는 연마에 사용하는 재료의 입자가 굵은 가루라도 일단 연마하려는 물질보다 단단한 것을 사용함으로써 연마가 가능하였다. 그리고 연마 기술이 보다 작은 것을 다루려 함에 따라 보다 미세한 입자의 연마제를 사용해 연마하게 되었으며 최근에는 그것마저 흠집이 난다는 등의 이유로 한계점에 도달하였다.

그래서 취해진 것이 연마하고자 하는 물질과 함께 초미립자 연마제를 물에서 교반하여 연마제가 물질의 표면에 닿아 원자를 떼내는 화학적인 방법이다. 예를 들면 알루미나(Al_2O_3)와 같은 입자를 재료의 표면에 닿게 하여 배열된 원자의 1층, 2층 정도의 스케일로 평탄한 표면을 만들 수 있는 기술이 발전되어 오고 있다.

표면을 연마해서 평평하게 하는 기술도 빠뜨릴 수 없는 기술이다.

연마에는 미세한 입자의 연마제를 사용하였으나 최근에는 그것마저 흠집이 난다는 등의 이유로 한계점에 도달하였다.

그래서 연마하고자 하는 물질과 함께 초미립자 연마제를 물에서 교반하여 연마제가 물질의 표면에 닿아 원자를 떼내는 화학적 방법이 취해지고 있다.

Section 4 박막 형성에 의한 나노 조형

나노 스케일의 생산 기술로는 Top-down에 의한 가공법만으로는 한계가 느껴지며, 밑에서부터 짜맞추어 가는 Bottom-up에 의한 조형법이 이후의 나노 기술을 발전시키기 위해서 없어서는 안 될 것이라 생각한다. 그것에는 물리적, 화학적, 생물학적, 그리고 여러 가지 방법이 취해지고 있을 뿐만 아니라 각각의 분야를 초월하여 융합한 영역에서 기술이 발전해 가리라 생각한다.

나노 스케일에서 전자 부품을 만들기 위해 기판에 많은 물질들을 집적하려고 하면, 기판을 평평하게 가공한 후 그 위에 기능 물질을 조형해 가게 된다.

여기서는 인공적인 기능 물질을 만드는 방법으로서 대표적인 박막 형성법을 살펴보려 한다. 그 형성법에는 스퍼터링(Sputtering)이라는 방법과 증착법 등이 있으며 그 공통된 원리는 어떤 물리적 수단으로 원료가 되는 원자 또는 이온을 만들어 내어 그것을 기판의 평평한 표면 위에 순서대로 한층 한층 적층해 가는 것이다. 물리

그림 3-9
인공 격자 박막의 형성

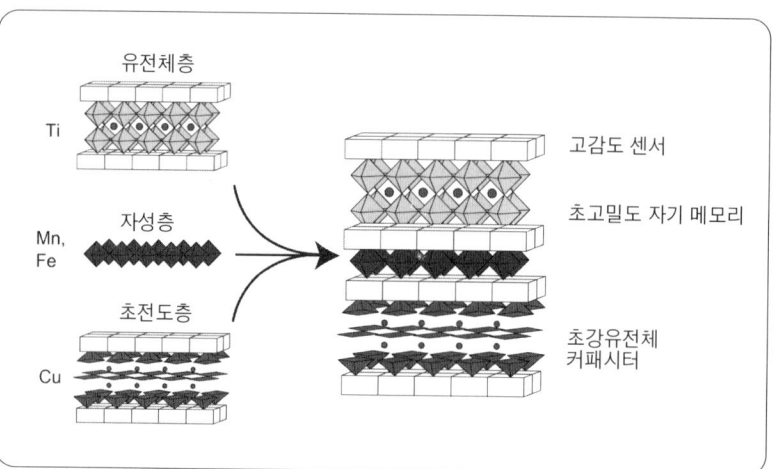

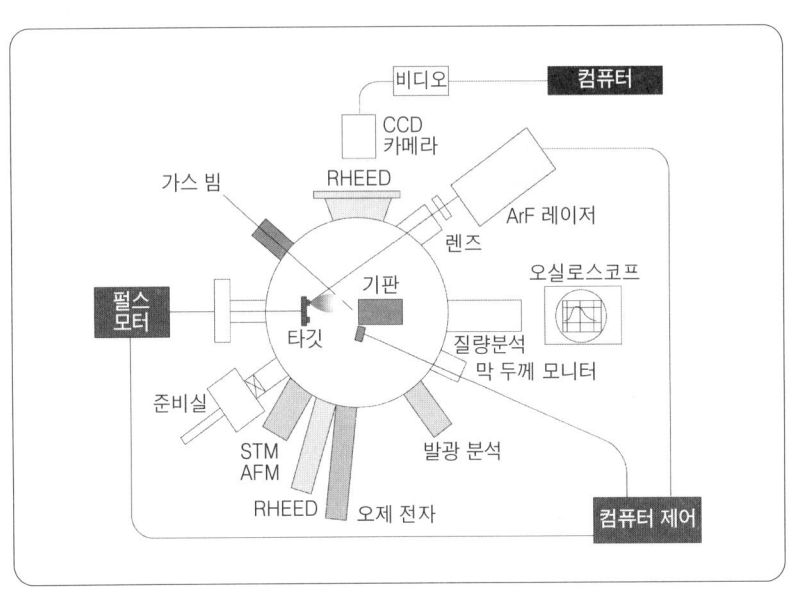

적인 방법 이외에도 화학적 방법으로서 중요한 것이 화학 증착법(CVD ; Chemical Vapor Deposition)으로 원료를 가스의 형태로 넣어, 그것을 평평한 표면 위에서 반응시키면서 적층해 가는 방법이다.

이러한 방법을 정밀히 조절하여 원자층을 한 층씩 쌓아가는 정밀도로 박막을 만들어 갈 수 있다. 이것이 가능하게 되면, 다른 성질을 가진 종류의 박막을 순서대로 층을 쌓아가는 것도 가능하여 초전도층, 자성층, 유전체층 등 기능 물질의 박막을 중첩하여 쌓아가는 것으로 전자 부품을 만드는 것도 가능한 것이다(그림 3-9). 박막을 만드는 전형적인 예로서 레이저 MBE(Laser Molecular Beam Epitaxy)법에 의한 형성 과정을 들 수 있다. 우선 한 층의 박막을 만들기 위해서는 원료가 되는 물질(Target)에 외부로부터 레이저를 쪼인다. 그러면 거기서 나온 원자가 반대측에 놓여진 평평한 기판(substrate) 위에 쌓여서 한 층의 박막이 형성된다. 다시 이것을 다층막으로 형성하기 위해서는 다른 원료를 넣은 각각의 Target에 순서대로 조준을 바꿔 가면서 레이저 광을 쪼여 준다.

그러면 세로 방향의 두께에 대해서는 원자층 단위로 나노미터의 적층 구조를 가진 박막을 만들어 갈 수 있다(그림 3-10). 나노미터 구조의 조형 기술에는 그 과정을 모니터하는 것도 빠뜨릴 수 없는 기술로 두 가지 기술은 일체가 되어 있다고 할 수 있다. 박막 형성 과정을 모니터하기 위해서는 RHEED(Reflection High Energy Electron Diffraction)라

그림 3-10
레이저 MBE 장치

오제 효과

들뜬상태(勵起狀態)에 있는 원자가 바닥상태(基底狀態)로 옮겨가는 과정의 한 형식.
원자의 X선 흡수, 원자핵에서의 전자 포획, 또는 내부 변환에 따른 전자 방출이 있은 후 원자는 원자핵에 가까운 궤도에 있던 진자를 잃고 빈자리가 생기게 된다. 여기에 다른 궤도에 있던 전자가 튀어들어오는 과정에서 대부분 특성 X선이 방출되는데, 이 특성 X선 대신 원자 내 전자가 방출되는 현상이 오제 효과이며, 방출되는 전자를 오제 전자라 한다. 1925년 P. 오제가 발견했다. 이 효과는 고립된 원자나 분자의 경우뿐 아니라 고체 표면에 빛이나 입자선을 조사(照射)할 때 나오는 광전자(光電子)나 2차 전자의 방출 메커니즘으로서도 중요하다. 오제 전자 분광법 등을 통해 고체 표면 연구에 응용된다. (그림 3-10 관련)

는 방법이 이용되고 있다. 이것은 박막이 나열되어 갈 때 일어나는 회절 현상을 반대측에 있는 스크린에 비추어, 층상으로 적층하고 있는 것을 확인하는 방법이다.

이것이 나노미터 구조 박막의 기본적인 조형법으로 이러한 방법으로 천연에는 없는 초격자(Superlattice) 구조를 가진 인공 격자의 물질 등을 만들 수 있다. 단순히 적층할 뿐만 아니라 1차원의 직선 구조를 형성하기 위해서는 기울어진 기판을 사용한다. 비스듬한 기판은 원자 스케일에서 보면 계단처럼 되어 있다. 여기에 원자를 적층하면 원자는 가장 작은 에너지를 사용하도록 기판의 층에 바짝 붙여 나열하기 때문에 1차원 선상 구조가 만들어진다. 전자를 가두는 0차원 구조의 전자 디바이스는 양자 도트(Quantum dot)라고 한다. 그 조형법에도 여러 가지 방법이 있지만, 기판 재료의 원자 격자 상수와 적층 물질의 격자 상수가 다른 소재를 사용하는 것이 하나의 방법이다. 즉, 기판의 원자와 그 위에 나열하는 원자 간에 나열할 때의 원자 간격이 다른 것을 선택한다는 것이다.

만약 격자 상수가 같은 것을 선택한다면, 레이저로 인해 튀어나온 원자는 아래 기판의 원자 간격과 같도록 나열되어 깨끗한 막으로 성장하지만 격자 상수가 다른 것이면 기판의 원자와 나열하는 간격이 다르기 때문에 기판 위에 층이 되어 올라가지 않고 그들만으로 엉키려고 한다. 그렇게 하여 0차원의 점상 구조를 만들 수 있다.

또, 완전히 45도의 경사진 기판을 이용하면 피라미드 모양(Facet)으로 성장시킬 수 있다. 45도의 경사진 기판은 원자 스케일로 보면 톱날처럼 까칠까칠하게 되어 있어 그 위에 나열되어 가는 원자는 언제나 안정한 면을 만들려고 하기 때문에 피라미드 모양으로 된다. 이처럼 사용하는 에너지의 가장 낮은 상태로 자연적으로 조직화하는 자기 조직화 현상을 이용하여 여러 가지 패턴의 조형을 만드는 것이 가능하다. 그리고 다시 그 패턴을 짜맞추는 것으로 실리콘(Si) 또는 갈륨비소(GaAs) 반도체를 사용한 초격자 등의 복잡한 디비이스 구조를 만들 수 있다.

Section 5 초분자에 의한 나노 조형

앞에서 말해 왔던 것은 무기물의 조형법에 관한 것이었고, 유기물의 나노 조형에 관련된 것은 초분자(Supermolecular) 화학이다. 지금까지의 분자 화학은 탄소(C), 수소(H), 질소(N)로부터 벤젠(C_6H_6)과 아닐린(C_6H_7N)과 암모니아 분자(NH_3) 등을 합성하는 것이었다. 초분자는 다시 이러한 분자가 몇 개 모인 것으로 원자, 분자보다 큰 나노 스케일의 구조를 가지며, 새로운 물성과 기능을 나타내는 유기 분자이다(그림 3-11). 바이오 세계의 단백질은 이러한 초분자의 하나이다. 초분자를 만드는 방법으로는 2, 3종류의 분자가 자연적으로 열쇠와 열쇠 구멍이 맞물리는 것처럼 초분자가 만들어지는 방법이 발전해 오고 있다. 이것은 분자의 자기 조직화를 이용하는 방법을 취하는 앞으로의 나노 테크놀로지에 있어서 매우 중요한 방향으로, 자성 또는 광 기능성 등의 여러 가지 기능을 나타

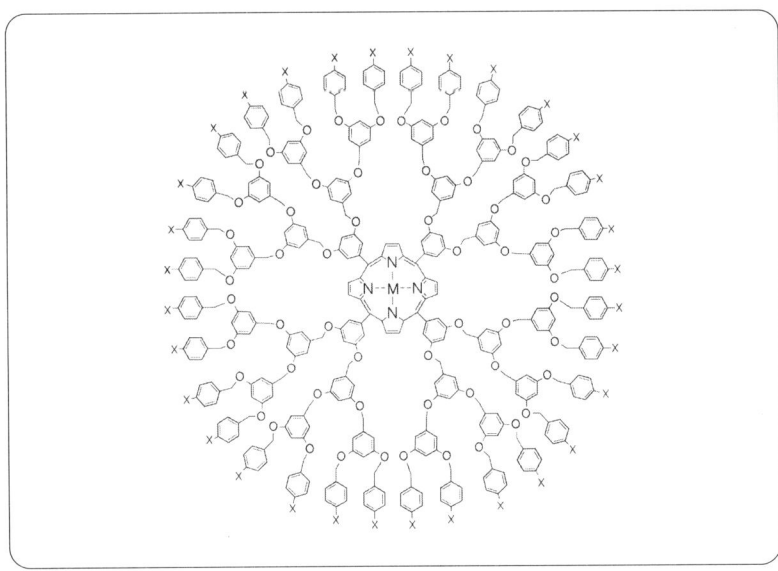

그림 3-11
초분자의 덴드리머
(有賀克彦 著 「초분자 화학으로의 전개」 (岩波書店)에서)

내는 초분자가 만들어지고 있다.

예를 들면, 거대 분자인 단백질은 20종류 정도의 아미노산이 DNA의 프로그램에 따라 정해진 순서대로 나열되어 그것이 저절로 접혀져 만들어진다. 이것은 자연이 행하는 나노 테크놀로지라 할 수 있다. 그 외 여러 가지 종류의 단백질도 상호 간의 반응에 의해서 또 다른 분자 또는 분자 모터 등을 만들며, 반도체와 반도체 리소그래피 등과는 일견 다른 것 같지만, 원리로서는 기초가 되는 재료의 원자·분자가 있어 그것을 잘 연결해 간다는 의미에서는 공통점이 있다.

 **참고** ## 크로토(Kroto, Harold W.)

영국의 화학자.

1939년 케임브리지셔주(州) 위즈베치 출생. 1964년 셰필드대학교에서 박사 학위를 받은 뒤, 1967년 서식스대학교 교수를 거쳐 1991년에 왕립학교 연구 교수로 임명되었다. 크로토는 극초단파 분광법을 이용하여 탄소를 다량으로 함유하고 있는 성간 가스를 분석하고 있던 중 별의 대기와 가스 성운에서 사슬 모양의 탄소 분자와 질소 분자를 발견하였다. 이러한 탄소 사슬의 형성 과정을 밝혀 내기 위하여 라이스대학의 R. 스몰리, R. 컬 2세 등과 함께 공동으로 연구를 진행하기 시작하였다. 이와 같은 연구 결과 공 모양으로 뭉쳐 있는 탄소 원자 '풀러린'을 발견하게 되었고 이 공로를 인

정받아 스몰리, 컬 2세 등과 함께 1996년도 노벨 화학상을 공동 수상하게 되었다.

1985년 이들 세 과학자의 연구 논문 발표에 의하여 처음으로 알려지게 된 풀러린은 표준 분자 C60의 탄소 원자로서 속이 텅 비어 있다. 꼭지점 60개와 면 32개를 가진 3차원 체계의 분자 구조를 지닌 다각형으로 이 가운데 12개 면은 오각형이고 나머지 면은 육각형이다. (Section 6 관련)

Section 6
클러스터(Cluster)
; 풀러린(Fullerene)과 탄소 나노 튜브

클러스터는 몇 개로부터 수백 개에 이르는 원자 또는 분자의 집합체를 말하며, 한 개의 원자·분자와는 다른 특성을 갖기 때문에 그 특성을 이용해서 새로운 기능성 재료를 만들 수 있다. 축구공 모양의 풀러린(C60)과 탄소 나노 튜브(Carbon Nanotube)는 클러스터의 대표격인 물질이다. 이 클러스터를 만드는 것도 넓은 의미로서 나노 조형이라고 할 수 있다. 클러스터를 만들기 위해서는 우선 원료가 되는 원자, 분자의 덩어리를 도가니 같은 것에 넣어서 열을 가하는 등의 조작을 하면 뿔뿔이 증발해 간다. 그 도중에 비활성 기체인 헬륨 또는 아르곤 가스를 넣어 두면 증발한 원자·분자가 비활성 기체에 충돌하여 서로가 에너지를 잃고 식는 과정에서 원자·분자들이 결합하여 어떤 모양의 작은 덩어리가 모아져 클러스터가 만들어진다.

풀러린과 탄소 나노 튜브는 이 기술의 진보된 방법으로 만들 수 있다. 축구공 모양의 탄소 분자인 풀러린은 탄소가 있는 곳에 방전시켜 탄소 원자를 증발시키는 가운데 헬륨 또는 아르곤의 양을 적당히 조절하면 탄소 원자가 벤젠 고리 모양을 만들고 그것들이 구 모양으로 합쳐져서 만들어진다. 탄소 나노 튜브는 탄소 원자가 전극이 방전하는 부근에서 튜브 모양으로 이어지면서 증가함으로써 형성된다. 탄소 나노 튜브는 매우 우수한 특성을 가지는 재료이지만 현 단계에서 유일한 결점은 제조 비용으로 금의 100배나 되는 고가의 코스트로, 대량 생산이 이후의 과제로 대두되고 있다. 현재 화학적 방법인 CVD법에 의하여 생산할 때 어느 정도의 생산량을 얻는 것이 가능하다. 이것은 원료가 되는 탄소 가스 중에 철 또는 니켈 등의 핵이 되는 원소를 놓아두고 온도를 올리면 핵 위에 나노 튜브가 성장해 가는 방법이다.

이 외에도, 나노 스케일의 미립자를 짜맞춘 나노 복합 입자 또는 나노 포어(Nano-Pore) 즉 나노 스케일의 세밀한 구멍이 나 있는 막을 만드는 것 또한 나노 테크놀로지에서는 중요하게 취급된다.

여러 가지로 고안된 나노 조형이 이루어지고 있는 것이 현재의 실정이지만 이제까지의 나노 조형에서 가장 중요한 것은 프로그램 자기조작화라는 사고 방식이다.

Section 7 프로그램 자기 조직화

DNA라는 프로그램에 따라, A라는 것이 생기고, B가 생겨, 그리고 A와 B가 합쳐진 어떤 모양을 만드는 것처럼 자기 조직화에 의해 다양한 물질이 만들어지고, 더욱이 그것이 또 다시 서로 상호 작용하여 다음 단계의 물질을 만드는 일련의 생성 과정은 나노 스케일 조형의 이상적 모습이다.

지금까지 보아 온 현 단계의 나노 조형법은 단지 어떤 원자로부터 나노 스케일 크기의 물질을 만든다는 것은 한 종류의 물질밖에 되지 않는다.

하지만, 인간의 몸을 보면, DNA라는 프로그램에 따라, A라는 것이 생기고, B가 생겨, 그리고 A와 B가 합쳐진 어떤 모양을 만든다. 또 A, B, C, D가 이어져 단백질 등의 초분자가 만들어진다.

이처럼 자기 조직화에 의해 다양한 물질이 만들어지고, 더욱이 그것이 또 다시 서로 상호 작용하여 다음 단계의 물질을 만드는 일련의 생성 과정은 나노 스케일 조형의 이상적 모습이라 말할 수 있다.

이 프로그램 자기 조직화 방법은, 우리들 몸 안에서 행해질 뿐만 아니라, 인공적으로 여러 가지 물질을 어떤 순서로 이어갈 때에도 유효하다고 생각된다. 그러기 위해서는 물질을 만드는 과정을 잘 조합하는 프로그램이 매우 중요하다.

앞으로의 나노 조형의 연구는 프로그램화된 자기 조직화를 향해 나아갈 것이다.

Section 8 나노 스케일의 물성

우리들 세계에서는, 공을 벽을 향해 던져도 그 벽을 통과해 버리거나 하는 일은 절대로 없다. 하지만, 나노 스케일까지 작아지면 공이 벽을 통과해 버리는 것과 같은 우리의 상식이 통용되지 않는 일들이 일어난다. 마이크로보다 작고 원자보다는 큰 그 중간적인 나노 스케일의 세계에서는, 지금까지 알려져 있지 않았던 새롭고 흥미로운 물성과 불가사의한 현상을 볼 수 있는 일이 계속해서 알려지고 있다.

(1) 메조스코픽계(Mesoscopic)

나노 스케일에서 관측되는 여러 가지 현상을 일괄해서 메조스코픽계 혹은 나노스코픽계라 부르고 있다. 당연히 나노 물성 연구 또한 나노미터의 세계를 컨트롤하기 위해서는 빠뜨릴 수 없는 분야로 자리잡고 있다.

뉴턴이 체계를 잡은 우리들의 거시적 세계를 형성하는 고전 역학에 반하여 나노미터의 세계는 양자 역학이 지배하는 세계이다. 양자 상태는 물질 또는 재료를 점점 작게 해 나가서 크기가 1미크론 이하가 되면 그 특성이 나타나기 시작한다. 그 양자 역학이 지배하는 세계에서는 물질에서 나타나는 성질이 급격히 변해 가게 된다. 원자, 분자, 소립자 등을 다루는 양자 역학에서는 특정 장소에 물질이 존재한다라는 것이 확률로 나타내지고, 그 확률은 상태를 기술하는 파의 형태로 나타내어진다.

그러한 양자 상태에서는 파(波)인 물질과 물질이 서로 간섭하여 상태가 겹쳐지거나, 초전도성과 같은 성질이 나타나거나 하는 일이 발생한다.

양자 역학이 지배하는 세계에서는 특정 장소에 물질이 존재한다라는 것이 확률로 나타내지고, 그 확률은 상태를 기술하는 파의 형태로 나타내어진다. 그러한 양자 상태에서는 파(波)인 물질과 물질이 서로 간섭하여 상태가 겹쳐지거나, 초전도성과 같은 성질이 나타내는 일이 발생한다.

에사키 레오나

일본의 반도체 물리학자.
1925.3.12 오사카 출생.
1947년 도쿄대학 물리학
과를 졸업하고, 1956~
1960년 소니(주)에 근무하
면서 다량의 불순물을 첨
가해 만든 다이오드가 터
널 효과로 인해 음 저항을
나타낸다는 것을 발견하였
는데, 이 다이오드는 '에
사키 다이오드(터널 다이
오드)' 라 불리고 있다.
1973년 I. 예이베르, B. D.
조지프슨과 함께 노벨 물
리학상을 받았다.

(2) 터널 효과(Tunnel Effect)

양자 상태에서 보여지는 특이한 현상 중의 하나가 공이 벽을 통과
하는 듯한 터널 효과로서 입자가 어떠한 확률로 장벽을 통과하는
현상이다. 어떤 사람 앞에 벽이 있을 경우 일반적으로 벽이 낮아서
뛰어넘지 않는 이상 사람은 벽의 반대편으로 통과할 수 없다. 하지
만, 그 벽의 두께가 얇아지면, 이떤 확률로 사람이 벽을 통과해 나
오는 것이 터널 효과이다(그림 3-12). 벽 사이 중에 사람이 특정 장
소에 있을 확률은, 파로서의 파동 함수로 표현된다. 그 사람이 가지
고 있는 에너지를 E라고 할 때, 벽이 아주 두꺼울 때에는 사람은
벽을 통과할 수 없지만, 벽이 얇아지고 벽의 높이 U가 조금 낮아지
면 $U-E$라는 벽의 높이와 사람의 에너지 차만큼 그 사람이 벽을
통과할 수 있는 확률이 생긴다. 터널 효과에 의한 전자의 흐름은 터
널 전류라 하고, 주사형 터널링 현미경(STM)은 이 현상을 이용하
고 있다. 또 터널 전류를 사용한 것에서는, 노벨 물리학상을 받은
에사키 레오나(Leona Esaki) 박사가 발명한 터널 다이오드도 유

그림 3-12
양자 세계에서는
벽을 통과하여
빠져나올 수 있는
확률이 있다.

명하다(그림 3-12).

(3) 단전자 현상

큰 방에 파리를 한 마리 가두었다고 가정하자. 가두었다고 해도 방이 어느 정도 크다면 작은 파리는 일상적으로 날아다니고 있을 뿐이다. 그러나 매우 작은 용기에 파리를 가둔다고 하면, 좁은 곳에 갇힌 파리는 날 때마다 어딘가에 부딪치는 상태가 된다. 그처럼 한 개의 전자만을 작은 구조에 넣으면 전압이 극단적으로 오르거나 내리는 현상을 보인다. 이것이 나노 스케일의 단전자 현상이다.

콘덴서에 저장되는 전기의 양은 전압과 전기 용량을 곱한 것으로 ($Q = CV$), 이것을 역으로 말하면 저장하는 전하의 양이 똑같은 경우에는 저장하는 용량을 작게 하면 전압을 크게 할 수 있다는 말이 된다. 매우 작은 곳에 단지 하나의 전자를 가둔다면 그때의 전압은 매우 높아지게 된다. 단전자 트랜지스터라는 전자 디바이스는 이 원리를 이용하여 만들어졌으며, 그것은 전자를 넣지 않은 때에는 전압이 낮으며 반대로 전자를 주입했을 때에는 급격히 전압이 높아지는 방식으로 되어 있다. 이것에 의해 매우 작을 뿐만 아니라 단지 전자 한 개로 트랜지스터가 만들어진다는 것이다. 이처럼 나노 스케일까지 내려오면 양자의 세계에 진입하게 되므로 터널 효과, 단전자 효과 등의 양자 상태에서 나타나는 현상을 이용하여 여러 가지 전자 디바이스를 만들어 갈 수 있다.

나노미터 스케일에서 나타나는 물성은 물리뿐만 아니라 생물학 분야에서도 매우 중요한 영역이다. 예를 들어, 단백질을 생각하면 정확히 나노미터 크기인 아미노산이 연결된 단백질의 집합체가 하나의 기능을 나타내는 단위가 되고 있다. 따라서 나노미터 스케일에서는 양자 현상이 나타나는 것뿐만 아니라 대부분의 기능의 근원이 되는 기능 발현 최소 단위인 물질을 볼 수 있다는 의미에서도 나노 스케일의 특성 연구는 빠뜨릴 수 없는 것이다.

터널 다이오드
1957년 에사키 레오나(江崎玲於奈)가 발표한 반도체 다이오드의 일종. 불순물을 다량으로 함유한 pn 접합으로 이루어진 다이오드이며, 순(順)방향 전압을 늘려가면 전류가 일단 늘어나서 마루를 이루다가 줄어들어 골이 되고, 다시 늘어나 보통의 다이오드 특성에 가까워진다. 이 전류의 마루가 형성되는 까닭은 불순물이 많이 들어 있어서 접합부의 장벽이 얇아지고 양자 역학적인 터널 효과에 의해 전류가 흐르기 때문이다. 마루와 골 사이의 전압은 (−) 저항형이며, 고주파 특성이 양호하므로 마이크로파의 발진·증폭·고속 스위칭(논리 회로)에 이용된다. 이렇게 터널 효과를 이용하기 때문에 이 다이오드를 터널 다이오드라고도 한다. 그리고 반도체 재료서는 게르마늄·갈륨 비소·실리콘이 주로 쓰이며, 마이크로파 영역에서 사용할 것을 고려하여 직렬 인덕턴스의 작은 용기에 봉해 넣어져 있다.

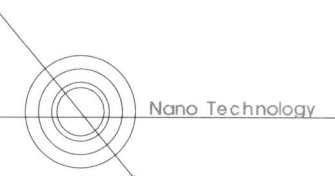

나노 기계 장치와 나노바이오

여기까지는 나노 테크놀로지의 근본을 이루는 기술에 대해서 이야기하였다. 이 장을 마치면서 끝부분에 언급하는 나노머신, 나노바이오, 나노 시뮬레이션 등 3가지 분야는 이들의 기술을 기초로 한 나노 테크놀로지의 기반이 되는 영역이다.

(1) 나노머신 ; 나노 기계 장치(Nano Machine)

그림 3 13에 있는 것은 K. Eric Drexlar의 저서 "창조적인 기계(Enginess of Creation)"에서 그 구상을 확립한 분자 모터이다. 이것은 아직 실현되지는 않았지만, 앞에서 말한 초분자를 합성하는 기술로 인공적으로 그림과 같은 분자 부품을 만들어, 자연히 그 회전자(Roter)가 돌아가는 나노 스케일의 분자 기계, 나노머신의 하나이다. 미래는 꿈의 기술로서, 나노머신을 Drexlar가 말하는 인공적인 어셈블러(Assembler)와 복사체(Replicator)로서 실현이 기대되고 있다(그림 3-13).

그 나노머신의 전형적이고 본보기가 되는 것은 인간의 몸속에 있는 여러 가지 분자 및 그 집합체이다. 생체의 경우는 DNA의 프로그램에 의해 리보솜(Ribosome)이 아미노산을 연결하여 만들어진 단백질이 다시 서로 상호 작용하여 여러 가지 나노머신이 만들어지고 있다. 예를 들어, 생체 중에 있는 F1 모터와 박테리아의 편모 모터는 자연이 만든 모터이다. 인간의 나노 테크놀로지에서는, 생체 나노머신과 같은 분자 기계를 인공적으로 만들어내자는 것이다. 그것을 위하여 생각할 수 있는 몇 가지 방법 중 하나가 유기 합성법으로 분자를 연결해서 합쳐가는 방법이다.

그러나 현 단계의 나노 테크놀로지에서는, 밑에서부터 짜맞추는 기술과 위에서부터 깎고 파들어 가는 기술이 알맞은 형태로 융합된 기술을 목표로 하고 있기 때문에 나노 스케일의 머신보다는 오히려 마이크로 스케일의 마이크로머신(MERS ; Micro Electro Mechanical System)을 만드는 기술에 무게를 싣고 있다. 인간의 몸은 깎고 파는 과정을 일체 하지 않으며 모든 것이 원자와 분자를 벽돌 쌓아가듯이 만들지만, 우리들의 나노 테크놀로지에서는 한편으로는 깎아가고 또 다른 한편에서는 짜맞추어 가는 두 가지 기술을 조합한 것으로 마이크로 스케일까지 깎고 판 것 위에 나노 스케일의 머신을 올려가는 방법이 당면한 과제가 되고 있다.

　　마이크로머신을 만드는 방법으로서는 앞에서 말한 Photolithography의 에칭(Etching)에 의해서 여러 가지 부품이 만들어지고 있다. 마이크로머신 기술이 발전해 가는 가운데 최근에 광 조형이라는 기술이 있다. 이것은 어떤 용액에 빛을 쪼이면 반응하여 굳어지게 만들 수 있는 기술이다. 약한 빛에서는 굳어지지 않지만 매우 강하고 집중된 빛을 쪼이면 굳어지는 등의 현상이 일어나며, 그 용액 중에서 빛의 초점을 집중한 곳에서만 반응이 일어나 고체화되기 때문에, 빛을 조사해 가면 자유자재로 조형하는 것이 가능하다. 이 광 조형 기술은 이후의 마이크로머신 기술로서 상당히 중요시되고 있다. 이러한 마이크로머신을 만드는 기술도 나노 테크놀로지를 향해 가는 기술의 일부분으로 간주할 수 있다. 유기 합성과 유전자 공학을 사용한 나노머신을 만드는 완전한 기술은 아

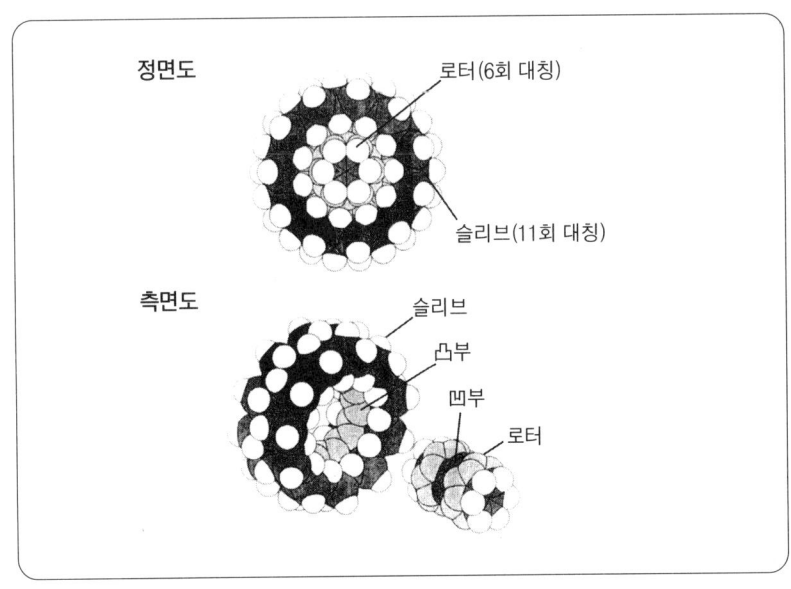

그림 3-13
분자 모터의 나노 스케일 베어링
(K. Erick Dreksler 著 「나노 테크놀로지 – 창조하는 기계」(퍼스널미디어)에서)

진보 가능성은 충분히 예상할 수 있다. 광 조형 등 마이크로머신의 기술이 상당히 진보해 왔으며 마이크로에서 나노 세계로 향해가는 것이 분자 기계 제조 기술의 현상이라 할 수 있다.

(2) 나노바이오(Nano Bio)

나노 테크놀로지에서 그 이상 없는 본보기가 생체인 이상, 나노 스케일의 바이오테크놀로지가 나노 테크놀로지에 있어서 매우 중요한 기술 영역이 되는 것을 믿어 의심치 않는다.

나노바이오 기술로서는 나노미터 스케일에 있어서 생체의 반응을 눈에 보이는 상태로 관찰하거나 바이오 물질을 가공하는 일이 행해지고 있다. 여기에는, 본 장 앞 부분에서 서술한 나노의 구조 해석, 가공, 조형, 물성을 조사하는 테크닉이 바이오의 생체에 적용되고 있다.

현재, 나노바이오에서 가장 중요시되고 있는 것은 DNA와 단백질을 한 분자 단위로 관찰해 나가는 기술이다. 그것이 발전한 시점에서는, 생체가 어떠한 물질과 반응해 가는 모습을 동적으로 시간의 경과에 따라 보아가는 듯한 기술이 되며, 그러한 관찰 기술의 발달에 의해 나노 스케일에서 일어나는 여러 가지 바이오의 메커니즘이 밝혀지고 있다. 주사형 터널링 현미경(STM)과 원자력 현미경(AFM)의 출현은 나노바이오에 새로운 기술을 산출하였으며 이것들을 이용한 바이오 분자의 가공과 여러 가지 힘의 측정이 이루어지고 있다. 일례로서, 계측 기술로서는 통상 단백질은 접혀 개어진 모양을 하고 있지만, 접혀진 한 분자의 단백질 끝을 고정시켜 두고, 또 다른 한 쪽 끝을 주사 탐침 현미경(SPM)으로 당겨 주면 접혀져 있던 것이 점점 펴진다. 그때 펴져 가는 모양에는 여러 가지 패턴이 나오며 어떤 형태로 펴져 가는가를 관찰한다. 바이오 분자의 가공 기술로는 SPM에 의해 원자를 조작할 수 있는 것을 응용하여 DNA의 사슬을 절단하는 것 등이 이루어지고 있다. 또 탄소 나노 튜브로

나노바이오 기술에 의해 나노미터 스케일에 있어서 생체의 반응을 눈에 보이는 상태로 관찰하거나 바이오 물질을 가공하는 일이 행해지고 있다.

나노바이오에서 가장 중요시되고 있는 것은 DNA와 단백질을 한 분자 단위로 관찰해 나가는 기술이다. 그러한 관찰 기술의 발달에 의해 나노 스케일에서 일어나는 여러 가지 바이오의 메커니즘이 밝혀지고 있다.

만든 바늘을 세포에 넣고 DNA를 추출하는 등, 나노미터 스케일로 살아 있는 세포를 수술하는 것 같은 기술로 발전하고 있다.

(3) 나노 시뮬레이션(Nano Simulation)

현미경의 발달에 의해 나노 스케일의 세계가 우리들에게 알려져 왔다지만 손바닥을 내려다보듯 전부 다 알 수 있다고는 할 수 없다. 그러므로 나노 스케일의 구조와 물성을 해석하는 수단으로써 컴퓨터에 의한 시뮬레이션이 유효하다.

나노 시뮬레이션에서는 50년대부터 발달해 온 경험적 양자 화학 계산과 분자 동역학 계산(MD ; Molecular Dynamics) 정도가 많이 사용되고 있었지만 최근 발전해 온 것이 제1 원리에 의한 계산이다. 시뮬레이션에 의해 우리들이 알고 싶은 것은 원자와 분자의 전자 상태이다. 나노 스케일은 양자 역학이 지배하고 있는 세계이기 때문에 파동 방정식을 풀어 해석하지 않으면 안 되며 그것을 해석하는 것은 매우 힘들며 완전히 해석할 수는 없기 때문에 일반적으로 그 계산에는 근사법이 사용된다. 그 근사법이라는 것은 알지 못하는 것들은 적당한 변수(Parameter)로 치환해서 억지로 이치에 맞추어 버리는 경험적인 계산 방법이다. 그러나 컴퓨터의 발달에 의해 근사법에 의지하지 않고 원자의 파동 함수를 조합한 제1 법칙에 의한 원자 · 분자의 양자 상태의 계산이 가능하게 되었다. 이것에 의하여 원자 · 분자의 전자 상태를 보다 정확하게 알 수 있게 되었다. 커다란 분자의 계산에 있어서 그 정보량이 지수(Exponential) 함수적으로 엄청난 규모로 커져 버리기 때문에 지금까지는 매우 힘든 일이었지만, 컴퓨터 성능의 현저한 발전에 의해 수 옹스트롬의 스케일뿐만 아니라 나노미터 스케일의 커다란 분자의 계산도 할 수 있게 되었다. 현재의 컴퓨터 시뮬레이션으로는 결정화한 단백질의 구조 해석과 그 해석된 것을 CG(Computer Graphics)로 영상화하는 프로그램 등도 사용되고 있다.

나노 스케일의 구조와 물성을 해석하는 수단으로써 컴퓨터에 의한 시뮬레이션이 유효하다.
컴퓨터의 발달에 의해 원자의 파동 함수를 조합한 제1 법칙에 의한 원자 · 분자의 양자 상태의 계산이 가능하게 되었다.

Memo_

CHAPTER

4

정보 통신 기술의
나노 테크놀로지

Section 1   네트워크 사회의 실현을 향하여

정보 통신 사회가 목표로 하는 것은 정보 네트워크가 지역 사회 구석구석까지 그물망을 이루는 사회를 실현하는 것이다. 현재 우리들의 생활에서도 인터넷을 이용하여 다른 사람과 대화하거나 정밀하고 세밀한 화상을 즐기거나 할 때 광 통신에 의한 네트워크를 통하여 매초 수십 메가비트의 정보가 날아다니듯 교류되고 있다.

고성능 휴대용 단말기에 의한 영상의 교환 등 새로운 단계로 진전하기 위해서는 보다 작은 면적에 더욱 많은 정보를 기록하거나, 초고속인 동시에 저소비 전력으로 정보 처리하는 기술이 요구된다.

본 장에서는 앞으로의 정보 통신 기술과 나노 테크놀로지의 관계에 대해 알아보려 한다.

(1) 나노 테크놀로지가 IT 기술을 혁신한다

그 요청에 부응하기 위해 혁신적인 정보 통신 기술(IT)이 요구되고 있는 것이 현 상황이다. 그러기 위해서는 인터넷 서비스(Broad band)의 초고속 정보 통신도 중요하지만 여기서 등한시되어서는 안 되는 것은 최종적으로 그 기술을 이용하는 것은 사람이라는 것, 즉 인간에 있어서의 쾌적한 정보 교류라는 본질적 문제이다. 고속화된 정보 통신과 쾌적한 정보 교류를 양립시키며 그 사이를 이어줄 수 있는 기술이 나노 테크놀로지이다. 보다 좁은 면적에서 더 많은 정보를 처리하여 그 정보를 사람에게 전달하기 위해서는 나노 테크놀로지를 추진해 나갈 때 비로소 고속 정보 사회가 만들어지는 것이다.

(2) 핸드폰으로 보는 나노 테크놀로지

우선은 현재의 정보 통신 기술에 있어서 나노 테크놀로지의 그 역할을 나타내는 예로서 우리들의 생활 속에 필수품으로 자리잡고 있는 핸드폰을 살펴보려 한다(그림 4-1).

핸드폰 안을 열어 보면 여러 가지 소형 부품들이 채워져 있다. 그 중에 핸드폰의 두뇌 부분이라 할 수 있는 정보 처리를 행하는 CPU와 기억 장치인 메모리는 현재 하나의 반도체 칩 위에 회로의 선폭이 100nm로 제작될 정도까지 발전해 있다. 그 기억 용량으로는 현재로서 기가비트(GB ; Gigabit)가 실현되어 있으며 한층 더 나아가 테라비트(TB ; Terabit)급 메모리를 목표하고 있으며, 이러한 CPU와 메모리같이 자기 또는 전기를 이용한 반도체 전자 부품은,

나노 테크놀로지 없이는 만들 수 없을 정도까지 되었다. 세라믹 필터는 지상을 어지럽게 날아다니는 전파 중에서 자신의 위치에 도달한 전파를 분별하는 부품이다. 세라믹으로 되어 있는 필터라 하면 자칫 하이테크 제품이 아닐 것 같은 인상을 받을지도 모른다.

하지만 이것도 당당한 전자 부품이며, 그 전파를 분별하기 위한 필터의 구조는 인덕턴스(Inductance)와 커패시턴스(Capacitance)라는 코일과 콘덴서의 부분으로 구성되어 있다(그림 4-2).

커패시턴스는 콘덴서의 성질이기에 전하를 저장하는 역할을 하며 그 안에는 전극이 들어 있다. 커패시턴스 부분의 재료로는 전기의 플러스와 마이너스의 분극이 일어나기 쉬운 고유전율 재료가 사용되며, 전극에 전위를 걸어 주어 물질을 분극시킴으로써 전기를 저장할 수 있다. 인덕턴스 부분에는 저유전율 재료가 사용되어 전기가 흐르기 쉽게 되어 있고, 이 커패시턴스와 인덕턴스가 조합된 구조로 세라믹 필터 부품을 만들고 있다. 현재, 이 핸드폰 내의 세라

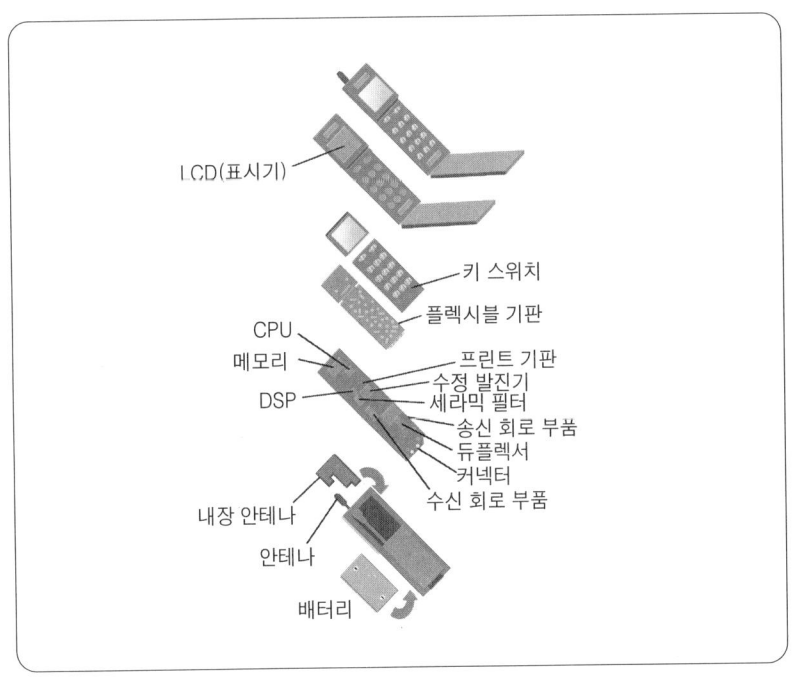

그림 4-1
휴대 전화의 부품

LCD(표시기)

키 스위치

플렉시블 기판

CPU
메모리
DSP

프린트 기판
수정 발진기
세라믹 필터
송신 회로 부품
듀플렉서
커넥터
수신 회로 부품

내장 안테나

안테나

배터리

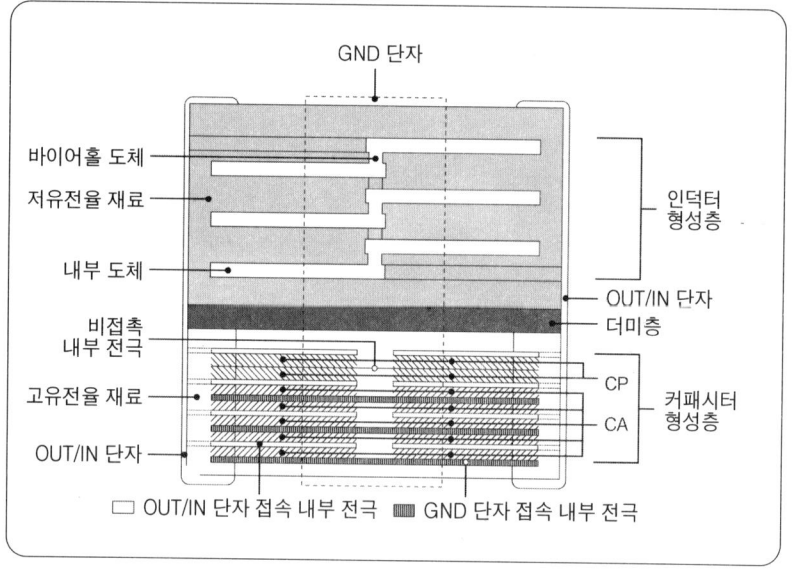

그림 4-2
세라믹 필터의 내부 구조(단면)
(TDK의 기술 광고에서)

CPU와 메모리라는 전자 기기의 두뇌 부분이 되는 장치뿐만 아니라, 전원인 리튬 전지와 전광판으로 사용되는 발광 다이오드 등 현재의 전자 기기는 한 마디로 나노 기술의 총체라고 할 수 있다.

믹 필터의 크기가 0.2mm 정도까지 되어 있다. mm 이하 크기의 부품에 이처럼 복잡한 구조를 만들려면 재료의 두께를 nm 단위의 정밀도로 하지 않으면 안 된다. 그 두께가 나노미터가 되면, 최초에 분말을 바르는 것 같은 공정을 취할 경우 그 분말도 나노미터 스케일로서 한층 더 나아가 그 분말의 크기가 균일하게 이루어져 있지 않으면 안 된다.

그 외에도 전원인 리튬 전지와 전광판으로 사용되는 발광 다이오드 등 CPU와 메모리라는 전자 기기의 두뇌 부분이 되는 장치가 아니라도, 정밀한 나노미터의 세계로 향해 가고 있는 것을 핸드폰에서 볼 수 있다. 현재의 전자 기기는 한 마디로 나노 기술의 총체라고 할 수 있다.

(2) IT 분야에서 감당하여야 할 나노 테크놀로지의 역할

표 4-1에 표시한 것은, 향후의 IT에 있어서 중요시되는 기술 분야이다. 여기에 소개하고 있는 네트워크 관련 기술, 고도의 컴퓨터

대항목	설 명
① 네트워크 관련 기술	고속 네트워크 기술 보안 및 서비스 애플리케이션 관련 기술 가전(家電) 네트워크화
② 고속 컴퓨팅 기술	컴퓨터의 연산 속도 및 신뢰성의 향상 시뮬레이션 기술 대용량 · 고속 기억 장치
③ 휴먼 인터페이스 기술	입출력 기술 인식 · 의미 이해 기술 센서 기술 등 휴먼 인터페이스 평가 기술
④ 소프트웨어 기술	소프트웨어 개발의 효율화 · 안정화 기술 운영 체제(OS) 관련 기술 디렉터리 기술 및 정보 검색 기술 컨텐츠 · 아카이브 관련 기술(정보 축적 기술) 기타 소프트웨어 관련 기술
⑤ 디바이스 관련 기술	시스템 온 칩 디바이스 설계 기술 및 제조 프로세스 기술 고밀도 실장 기술 신기능 디바이스 저소비 전력 고에너지 밀도 기술 디스플레이

표 4-1
IT 중요 기술 분야의 대항목 및 중항목
(「정보통신 산업 기술 전략」 정보 통신 산업 기술 전략 검토회(2000)에서)

운용 기술, 휴먼인터페이스 기술, 소프트웨어 기술, 디바이스 관련 기술 중에서 고도의 컴퓨터 운용 기술과 소프트웨어 기술은 주로 소프트웨어 개발에 관련된 기술이지만 고도의 컴퓨터 운용을 위해서는 대용량 기억 장치 등이 필요하기 때문에, 여기서 예를 든 5가지 항목 중 소프트웨어 기술을 제외한 4개 기술이 향후의 발전을 위해서는 나노 테크놀로지가 매우 중요한 역할을 맡게 될 것이다.

디바이스 관련 기술로는, 시스템 온 칩(SOC ; System on Chip)이라는, 1인치 정도의 작은 칩 위에 기가바이트(GB) 즉 수십억 개의 트랜지스터를 올려 두고 다시 그곳에 주변 시스템도 같

디바이스 관련 기술은 시스템 온 칩(SOC) 기술로 발전하고 있어 모든 것이 나노미터 스케일로 만들어지지 않으면 탑재할 수 없다. 따라서 실제로 디바이스를 만들어 가는 설계 및 제조 프로세스도 필연적으로 나노미터 스케일로 행해져야 한다.

이 올리는 기술로 발전하고 있기 때문에, 단순히 계산해도 모든 것이 나노미터 스케일로 만들어지지 않으면 탑재할 수 없다. 그렇게 되면, 그러한 디바이스를 실제로 만들어 가는 설계 및 제조 프로세스도 필연적으로 나노미터 스케일로 행하지 않으면 안 된다. 그리고 정보를 처리하는 것뿐만 아니라 기억도 해야 한다. 현재 판매되고 있는 시중의 컴퓨터 하드 디스크도 100기가비트급의 용량을 가지고 있지만, 나노 테크놀로지에서는 그 보다 더 니이기 테리비트(10^{12}bit)를 목표하고 있으며 그것을 1인치 디스크에 실현시키려는 것이 나노 테크놀로지 그 자체인 것이다.

표 4-1에 있는 저소비 전력, 고에너지 밀도라는 것은 요컨대 전지를 의미하는 것으로, 디바이스 자체를 소형화해서 에너지의 손실을 억제함과 동시에 디바이스에 대한 전력 공급을 장시간 지속시키지 않으면 안 된다. 이 부분에서도 나노 테크놀로지는 중요하다. 디스플레이 분야만 보더라도 가볍고 얇으면서도 복잡한 기능을 가진 것이 나노 테크놀로지에 의해 가능하게 되었다. 고도 컴퓨터 기술에 있어서도, 시스템으로서는 가능한 모든 소프트웨어에 대응되는 복잡하며 진보된 것을 도입하는 방향으로 나아가고 있지만, 보다 큰 것이라기보다는 작은 것을 향하여 나아가고 있다. 네트워크 관련 기술에서는, 한 장소에서 다른 장소에 대용량 정보를 초고속으로 보내기 위해서 광섬유(Optical Fiber) 케이블이 이용되고 있다. 보다 장거리의 통신을 가능하게 하기 위해서는 나노미터의 스케일로 광섬유의 조성을 컨트롤하거나 불순물을 제거하는 것과 전파로 대용량 통신을 하는 경우에는 정보량의 증대에 따라 주파수 영역을 기가헤르츠(GHz), 테라헤르츠(THz)로 올리지 않으면 안 되며, 이것 또한 나노 테크놀로지에 의해서 달성 가능하다.

(3) 사람에게 유익한 기술

위의 정보 통신 기술 중에서도, 이후에 특히 중요한 위치를 차지할 것은 휴먼 인터페이스(Human Interface) 기술이다. 이것은 우리들이 고속화된 정보 통신 기술을 이용하려 할 때, 키보드로 간단하게 조작할 뿐만 아니라, 음성을 인식하여 컴퓨터에 명령을 내리거나 하는 등, 인간의 오감을 통하여 쉽게 이용할 수 있는, 사람에게 있어 쾌적한 기술을 만든다는 것이다. 이 분야에 있어서도 입출력, 인식, 센서 등 모든 것에 있어서 나노 테크놀로지가 활약하는 곳이다.

휴먼 인터페이스 기술의 이상적 목표는 센서로서 인간의 눈, 코, 귀이며, 입출력 기관으로서 손과 음성 등, 인간의 몸이 가지는 생체적 기능에 근접하며 한치의 모순 없이 만들어 가는 것이 나노 테크놀로지에 요구되고 있다. 막대한 정보가 기억되고 그 정보가 유무선 네트워크망을 통하여 엄청난 속도와 복잡한 전달 체계로 교류되고 있는 현실이기에 보다 쾌적하며 언제 어디서든 정보를 간단히 이용할 수 있으며, 게다가 우리들이 쉽게 이해하기 위한 기술이 절실히 필요한 때이다.

IT 분야의 나노 테크놀로지에 있어서 키워드의 하나로서 착용식 컴퓨터(Wearable Computer)라는 단어가 있다. 최근 개봉된 영화 턱시도(Tuxedo)에서 볼 수 있지만, 이것은 "몸에 착용한다"라는 의미로, 양복을 입거나 손목시계, 안경 등 액세서리를 몸에 착용하듯 전자 기기를 휴대 · 착용한다는 개념이다.

예를 들면, 핸드폰의 기능이 손목시계에 탑재되어 간단히 손목에 착용하는 것이고, 이러한 것으로부터 기술은 발달되어 간다. 착용식 기기를 실현하기 위해서는 무엇보다 사용시 인체에 불편함 없이 사용 가능한 것이 중요하며, 이것이 휴먼 인터페이스 기술 발전의 문제를 해결하기 위한 열쇠가 될 것이다.

이상으로 본 것과 같이, 고도 정보화 사회에 있어서 어디를 보아도 나노 테크놀로지가 그 핵심이 되는 기술이라 할 수 있다.

휴먼 인터페이스 기술의 이상적 목표는 센서로서 인간의 눈, 코, 귀이며, 입출력 기관으로서 손과 음성 등, 인간의 몸이 가지는 생체적 기능에 근접하며 한치의 모순 없이 만들어 가는 것이 나노 테크놀로지에 요구되고 있다.

보다 쾌적하며 언제 어디서든 정보를 간단히 이용할 수 있으며, 게다가 우리들이 쉽게 이해하기 위한 기술이 절실히 필요한 때이다.

Section 2 초고집적 원자 메모리

IT 분야에 있어서 나노 테크놀로지의 기술이 중요시되는 점은 3가지 들 수 있다. 첫 번째로 초고집적의 가능성, 두 번째로 양자 효과의 유용한 이용 가능성의 전망, 그리고 세 번째로 기능 조화 집적이 가능한 것, 이 3가지이다. 이 세 가지 점에 대하여 차례로 설명하겠지만, 우선 첫 번째 초고집적의 개념은, 단순히 작은 곳에 보다 많이 넣을 수 있다는 것이다. 반도체의 초고집적은 작은 칩에 트랜지스터를 보다 많이 올리고 싶다는 것으로, 전형적 예가 될 것이다. 자기(磁氣)를 사용한 고밀도 기록 등도 보다 작은 곳에 많은 정보를 담고 싶다는 것이다. 이러한 초고집적 기술의 궁극적 목표가 되는 것이 원자 메모리이다. 원자 메모리의 예로서 잘 알려진 것으로는 국회 도서관의 정보를 단 하나의 각설탕 크기에 저장하려는 계획이 있다. 즉, 국회도서관에 보관된 정보를 1cm의 각설탕 정도 크기의 메모리에 모두 저장하겠다는 기술이다(그림 4-3).

그림 4-3
국회 도서관이 메모리 칩 하나에 들어간다.

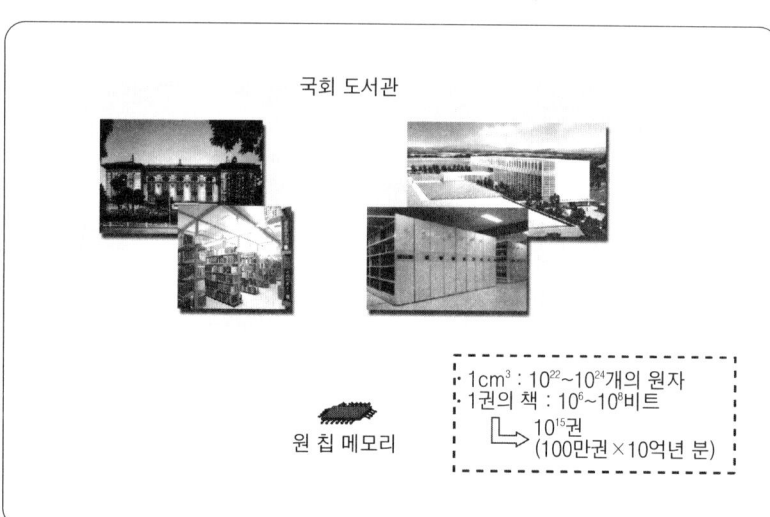

국회 도서관

원 칩 메모리

1cm^3 : 10^{22}~10^{24}개의 원자
1권의 책 : 10^6~10^8비트
↳ 10^{15}권
(100만권×10억년 분)

이 원자 메모리의 예는 단순히 공상으로부터 나온 꿈의 기술이 아니라, 2000년 1월에 미국이 국가 전략으로서 나노 테크놀로지 추진을 발표했을 때, 당시 대통령 클린턴이 구체적인 실현 목표의 하나로서 내세운 것이다.

그런 터무니없는 것이 도대체 가능한 것인가? 그것을 검증하기 위해서, 우선은 각설탕 크기 물질의 원자의 수를 세어 보려 한다. 각설탕의 한 변이 1cm라는 것을 대략 원자 1개 크기의 단위인 옹스트롬(Å)으로 환산하면 10^8Å이 된다.

이것은 한 변이 1cm의 입방체 물질에 가로×세로×높이로 10^{24}개의 원자가 들어 있는 것이 된다. 원자 메모리의 원리로서는 큰 원자와 작은 원자의 두 종류를 재료로서, 큰 원자를 0, 작은 원자를 1로 정의하여 그 두 종류의 원자를 나열했을 때 그것을 정확히 읽어낸다면 원자의 수만큼 비트를 구성할 수 있게 된다. 그리고 책 한 권의 정보량이라면, 한 장의 CD-ROM에 담을 수 있는 10^9비트 정도라 생각할 수 있다. 각설탕 1개분의 원자가 10^{24}개이며, 책 한 권의 정보량이 10^9비트이기 때문에, 각설탕 크기의 원자 메모리에는 책 10^{15}권 분량의 정보가 들어가는 것이다. 이것은 가정하여 1년에 100만권의 장서가 있다고 해도, 10억년분의 도서 정보를 넣을 수 있다는 계산이 된다. 이상, 검증해 본 것처럼 원리적으로는 각설탕 크기의 원자 메모리는 가능하다고 할 수 있다.

이 원자 메모리가 궁극적으로 정보 기록 장치로서는 이보다 작은 것은 존재하지 않을 것이다. 한층 더하여 원자핵을 사용한 메모리라도 거론되고 있지만, 원자핵은 불안정하게 존재하기 때문에, 기록에 사용하는 것은 어려울 것이다.

(1) 원자 메모리의 제조법

이러한 원자 메모리를 기술적으로 어떻게 만드는가 하면, 3장에서 서술한 주사 탐침 현미경(SPM) 침 끝을 이용한 원자 조작 기술

원자 메모리는 단순히 공상으로부터 나온 꿈의 기술이 아니라, 2000년 1월에 미국이 나노 테크놀로지 추진을 국가 전략으로 발표했을 때, 구체적인 실현 목표의 하나로서 내세운 것이다.

을 사용하여 하나하나 원자를 정렬하는 것이다. 원자를 평면에 정렬하여 다시 그 위에 한 층 더 나열하는 작업을 반복해 나가는 동안 정방 1cm의 원자 메모리가 만들어진다(그림 4-4).

단지 그 작업 속도가 문제가 된다. 만약 1개 이동시키는 데 1초 걸린다면, 각설탕 크기의 것을 만드는 데 10^{24}초(약 3경년)라는 천문학적인 시간이 걸리며, 그것으로는 실용화가 절대적으로 불가능하다.

그러면 어떻게 해야 좋은가. 원자를 조작하는 탐침의 수를 늘리면 될 것이다. 예를 들어 1000개의 탐침으로 조작하면 걸리는 시간은 1000분의 1이다. 1000분의 1도 아직 천문학적인 숫자이지만, 아무튼 탐침의 수를 늘리면 늘릴수록 걸리는 시간은 그만큼 단축된다. 원자 메모리를 만드는 장치는 미세 가공한 트랜지스터 같은 것에 전압을 가하면 신축하는 압전체가 붙여져 있고 그 위에 1개 1개 침이 끼워져 있는 구조이다(그림 4-5).

현재에도 반도체 칩에는 기가비트(10억 개)의 트랜지스터를 올리는 것이 실현되어 있으므로, 각 트랜지스터에 1개의 탐침을 붙일 수 있다면, 10억 개의 침을 동시에 움직일 수 있다. 10억 개의 침으로

그림 4-4
원자 · 분자를 한 사람이 조작한다.

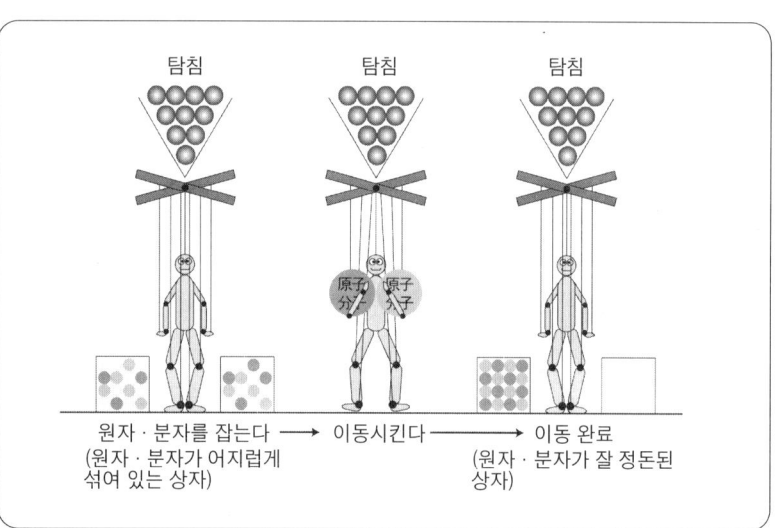

도 아직 부족하겠지만, 이번에는 시간적으로 1초에 1회 움직이는 것이 아니라, 1밀리초(1ms)에 1회 움직이는 것으로 가정한다. 이것은 전기적으로 작동하기 때문에, 원리적으로 나노초(ns)까지 시간 단축이 가능하다고 생각된다. 만약 10억 개의 침이 1ns에 1회 움직이면, 10일 정도로 각설탕의 크기의 원자 메모리를 만들 수 있다는 계산이 나온다.

단지, 실현시키기 위해서는 현 단계에서는 아직 기술적으로 극복하지 않으면 안 될 장벽이 몇 가지 있다. 만약 입방체로 구성할 수 있다고 하더라도 안에 들어 있는 정보를 어떻게 해서 읽어 낼 수 있을 것인가 하는 등의 문제도 있다.

읽어 내는 문제에 관해서는 여러 가지 해결책이 생각되고 있으며 예를 들어 뒤에 서술할 나노 포토닉스(Photonics)란 기술로서 재료에 유리 같은 것을 사용하여, 빛으로 메모리 속에 있는 정보를 읽어 내는 해결책이 있다. 10년, 20년 걸리는 프로젝트로 예상되지만, 1cm의 정입방체 안에 막대한 정보를 기억시키려는 원자 메모리의 실현은 결코 불가능한 것은 아니다.

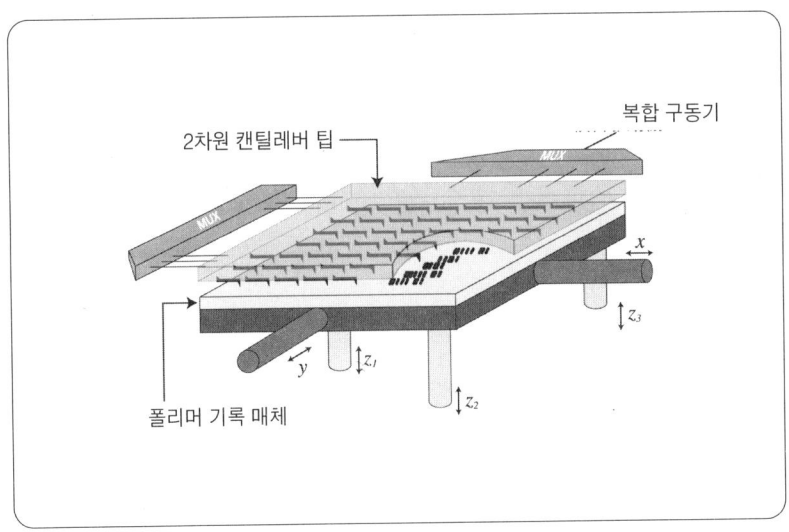

그림 4-5
다탐침 원자 조작 시스템
(ⓒIEEE 1999)

Section 3 양자 효과

나노 스케일의 두 번째 장점으로는, 나노미터 영역에 들어서야만 그 실체의 모습을 나타내기 시작하는 양자 효과를 이용하여 전자 디바이스의 진보를 전망할 수 있다는 것이다.

양자 효과는 여러 가지 방법으로 사용 가능하며, 그 중 하나로서 초격자(Super lattice) 또는 양자 도트(Quantum Dot)라는 인공적으로 만들어진 격자 구조를 가진 전자 디바이스에 양자 효과를 활용하는 방법이 있다. 나노미터 스케일로 초격자를 만들고, 전기가 흐르기 쉬운 층과 전자를 넣거나 내거나 하는 층으로 역할을 나눈다. 그렇게 하면, 전자를 내는 층에서는 전기가 흐르기 어려워도, 일단 전자가 흐르기 쉬운 층에 나오게 되면 전자의 이동도가 크게 증가되는 효과를 볼 수 있으며, 이것을 이용하여 고속의 디바이스를 만들 수도 있다.

이것은 이미 실용화되고 있으며, HEMT(High Electron Mobility Transistor : 고전자 이동도 트랜지스터)가 위성 방송의 수신기에 사용되고 있다.

나노 스케일에서는 물질의 사이즈가 작으면 작을수록 그 에너지 준위가 뿔뿔이 흩어지는 양자 효과를 볼 수 있다. 양자 도트에서는 그 도트 안에 가둔 전자의 에너지 준위의 간격이 넓어지는 효과를 이용하여, 청색 또는 자외선의 레이저를 발생시키는 실험이 이루어지고 있다. 또, 반도체 기판 재료로써 가장 많이 사용되고 있는 실리콘은 원래 발광하기 어려운 물질이지만 그것을 작게 만들어 양자 효과가 나타나게 하면 빛을 발광하기도 한다.

양자 효과를 이용한 전자 디바이스에는 3장에서 서술한 단전자 현상을 이용한 단일 전자 디바이스 등 다른 것에도 여러 가지 있지만, 그 중에서도 양자 효과를 직접적으로 사용하는 것이 양자 정보

통신과 양자 컴퓨터이다.

양자 효과는 마이크로 스케일보다 작은 세계에서 나타나기 시작하며, 양자의 세계에서는 물질 즉 전자나 양성자 등의 입자 상태를 확률의 파동으로 표현한다. 어떤 하나의 파의 상태와 또 다른 하나의 파의 상태 사이를 잘 연결하면 하나의 새로운 상태를 만들 수 있다. 그러한 파동의 겹쳐진 상태란 매우 불확정적이어서 아주 미세한 측정을 하더라도 그 시점에서 확률의 상태가 어떤 정해진 상태로 바뀌어 버린다. 예를 들어, 어떤 전자가 측정하기 전에는 어떤 한 곳에 있을지도 모른다는 확률의 상태로 나타낸 것이, 측정한 순간에 그 전자는 다른 한 곳에 있다라고 결정되어 버리는 것이다. 그러한 파동의 확률을 변환시킨 정보는 해킹 또는 누군가가 엿보게 되어도 그 사실을 바로 알 수 있다. 이러한 양자 효과의 부정확한 확률을 이용한 양자 정보 통신은 보안면에서 매우 우수하다.

또 다른 양자 효과들

• 극저온(Very Low Temperature)

극저온의 온도 범위는 명확하지 않으나, 액체 산소의 끓는점인 약 90K 이하를 말하며, 좁은 뜻에서는 액체 헬륨(끓는점 약 4.2K)을 사용하는 온도 범위를 가리킨다. 극저온의 물질에서는 상온에서는 전혀 볼 수 없는 현상이 일어나고 있는데, 물질을 구성하는 원자의 열운동이 거의 없어지고, 열운동에 의해서 가려져 있던 양자 효과가 거시적 물성 현상으로서 관측된다.

• 초유동(Superfluidity)

액체 헬륨이 2.19K(−270.97℃)보다도 낮은 온도에서 갑자기 점성(粘性)을 잃고 모세관 안을 빨리 흐르거나, 용기 벽을 박막이 되어 기어오르거나, 자유롭게 밖으로 흘러나가는 현상을 초유동이라 한다.

상온에서는 분자의 왕성한 열운동에 의해 가려진 양자 효과(量子效果)가 저온에서 나타나는 현상으로, 극저온에서는 액체 헬륨 내에 소용돌이를 만들고, 점성이 나타나는 에너지를 얻을 수 있는 들뜸이 일어나기 어려운 상태가 되며, 점성 마찰이 없는 흐름, 즉 초유동이 생긴다.

• 초전도(Superconduction)

어떤 종류의 금속이나 합금을 절대영도(−273.16℃) 가까이까지 냉각하였을 때, 전기 저항이 갑자기 소멸하여 전류가 아무런 장애 없이 흐르는 현상을 초전도라 한다.

액체 헬륨의 초유동(超流動)과 마찬가지로 극저온에서 양자 효과(量子效果)가 나타난 것으로, 금속 이온의 격자 진동이 매체가 되어 2개의 전도 전자가 쌍을 이루어, 전체로서 격자에 의한 저항을 받지 않는 특수한 상태로 변하기 때문에 이 현상이 일어나는 것으로 생각된다.

Section 4 지능 센서

세 번째 나노 스케일의 장점은 여러 기능을 조화시킨 한 곳에 집적이 가능하다는 것이다. 이것은 작은 곳에 똑같은 것을 고밀도로 반복하여 넣는 초고집적과는 다른 개념으로 원자와 분자로부터 쌓아 올려 여러 가지 다른 기능들을 조화시켜 디바이스를 만들 수 있다는 개념이다. 즉, 예를 들어 인간의 눈과 같이 빛을 감지하는 기능과 그것을 정보로서 처리하는 기능을 복합적으로 만드는 것이 나노미터 스케일이기에 가능하게 된다.

기능을 조화시킨 집적 기술이 나노 테크놀로지에서 가장 기대를 불러일으키는 것은, 인간의 오감에 맞먹는 어쩌면 오감을 뛰어넘는 감도를 가지는 지능 센서 기술의 개발이다. 센서는 인간으로 말하면 빛을 느끼는 눈, 소리를 느끼는 귀 등이 있지만, 인공적으로 만들어지는 센서를 인간과 똑같은 정도로 기능을 높이려고 하면, 단

그림 4-6
시각으로부터 출력으로

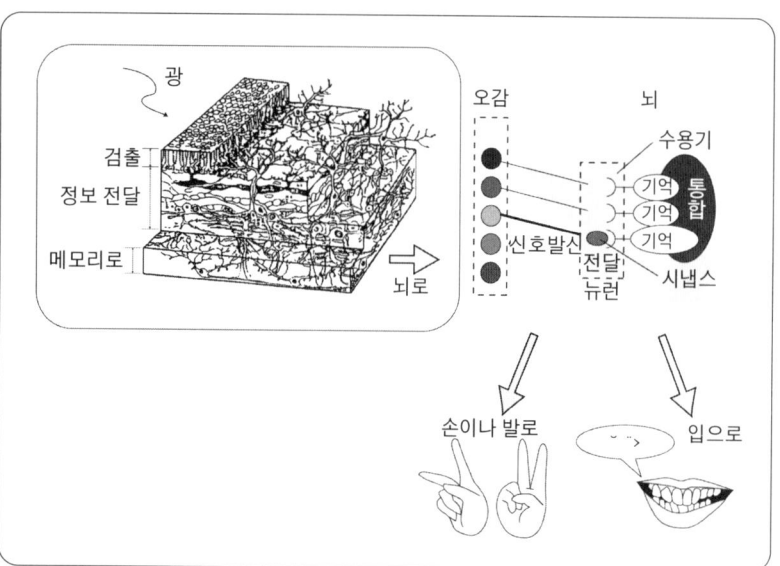

지 작으면서 고감도의 CCD 카메라가 있으면 되는 것이 아니다.

인간의 눈은 망막에서 빛을 받으면 한 개의 분자가 회전하여 이성질화되어, 그 회전할 때에 생기는 전기 신호가 바로 전달층 시냅스(Synapse)에서 시신경을 통해 뇌에 전달된다. 뇌에서 정보가 처리되어 그 반응이 손등에 전달되는 과정은 한순간에 이루어지며 인간이 시각을 느끼게 하는 메커니즘이다(그림 4-6).

인간은 나노미터의 생체 조직이 조밀하게 모여 만들어져 있으며, 인간의 영역을 뛰어넘는 불가능한 일이라 생각되지만 만약 인공적인 센서로 인간과 똑같은 레벨까지 기능을 높이려면 반드시 나노 테크놀로지가 필요하다. 실제로 시각 센서를 실현하기 위해서 망막 칩과 같은 것을 만들려고 생각하면, 컴퓨터 보드와 같은 시스템, 즉 빛을 감지하는 부분과 정보를 처리하는 부분 그리고 그 외의 여러 가지 주변 시스템도 전부 함께 올려져 있는 다층 구조로 이루어진다. CCD 카메라로 얻는 정보와 신호를 계속 기억시켜 가면 그 기억 정보량은 순식간에 엄청난 양이 된다. 그러나 시각 하나만 보더라도 인간의 몸이 우수하다는 것은, 그 기억을 처리해서 부분만을 취하고 있는 사실이다. 그러므로 지능 센서에는 이러한 연산과 처리도 필요하다. 또, 우리들은 정보를 처리할 뿐만 아니라, 그것과

시냅스(synapse)

한 뉴런의 축색 돌기 말단과 다음 뉴런의 수상 돌기 사이의 연접 부위.

신경 섬유의 말단은 가지가 나누어지고 그 끝은 주머니 모양으로 부풀어 다른 뉴런의 세포체 또는 수상 돌기와 접촉하여 시냅스를 만들고 있다. 신경 세포의 원형질은 시냅스 부분에서 연락되지 않고, 막에 의하여 떨어져 있다. 뉴런의 흥분이 시냅스를 거쳐 다른 신경 세포에 전해지는 것을 흥분의 전달이라고 한다. 시냅스는 뉴런이 모여 있는 곳, 즉 뇌·척수의 회백질·신경절 등에 집중되어 있다.

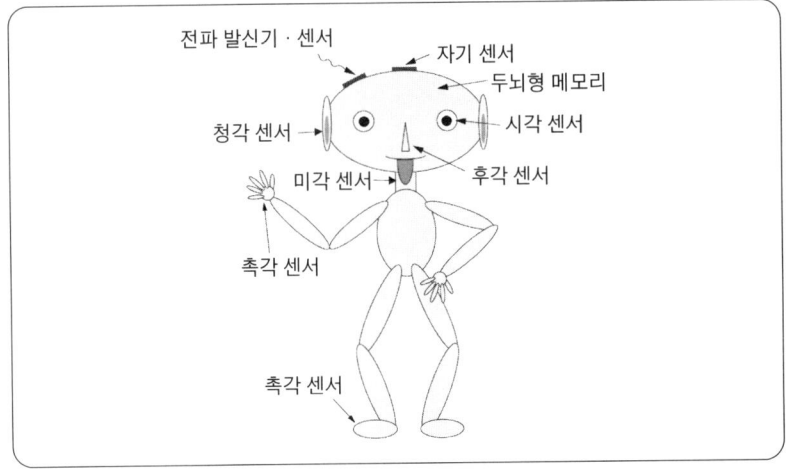

그림 4-7
지적 센서를 사용한
두뇌형 내장 로봇

연대해서 입으로 말하거나, 손을 움직이거나 하는 출력의 앰프도 가지고 있다. 그 모든 기능을 탑재하려면, 종래라면 거대한 장치가 될 수밖에 없었지만, 나노 테크놀로지에 의해 기능을 조화시키는 것으로 인간의 오감의 감각 기관의 크기와 별 다름 없는 작은 부품으로 만들 수 있다(그림 4-7).

인공적인 지능 센서로 망막 칩과 같은 시각 센서에 사용되는 기능 물질로는 반도체, 유기물 또는 광자성체가 있다. 청가에는 음파를 느끼는 압전체, 코와 혀는 외부의 자극 중 화학 분자를 수용하는 기관이기에 미각과 후각에는 촉매와 같은 것이 사용된다. 피부도 압력을 느끼는 부분이기 때문에 촉각은 압력이 가해지면 전기를 발생하는 듯한 압전체를 사용한다. 이러한 기능성 물질을 사용하여 오

그림 4-8
초오감 센서 – 인간의 오감에 의한 탐지가 되지 않기 때문에 잡음이 되지 않는 이점이 있다.

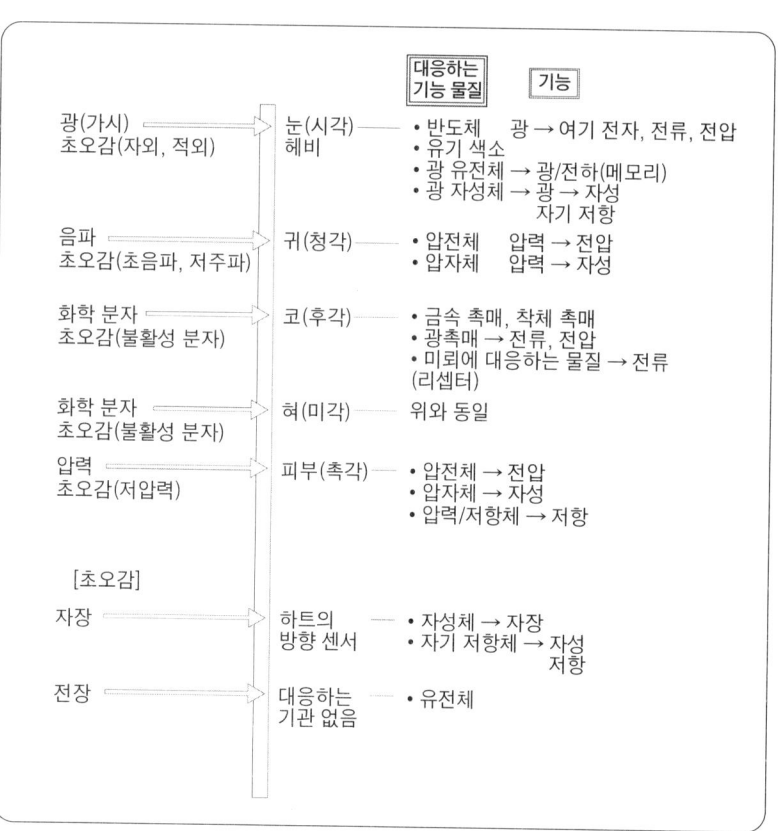

감에 대응하는 센서 외에도 초오감 센서라는 것도 만들 수 있다. 인간에게는 느껴지지 않는 것이지만 뱀은 적외선을, 박쥐는 초음파를, 비둘기는 자장을 느낄 수 있으며, 인공적인 오감 센서가 가능하게 된다면 당연히 오감으로는 느껴지지 않는 것도 감지하여 느낄 수 있을 것이다(그림 4-8).

생체처럼 지능화된 센서를 만들기 위해서는 표면적으로 감지하는 부분만으로는 부족하다. 오감에서 느낀 것을 판단하며, 그것을 학습하며, 기억해 나가는 기능도 필요하다. 또한 기억 방법도 다양하여 많은 양을 기억한다든지, 대략적으로 간단히 기억한다든지, 잊어버리는 것도 필요하기 때문에 단기적으로 기억한다든지 하는 몇 가지 패턴이 있으며, 그러한 것도 반도체, 강유전체, 강자성체, Relaxor 등을 사용해 실현할 수 있다(표 4-2). 기능을 조화시킨 집적 지능 센서는 IT 기기의 고성능화, 초소형화, 저전력 소비화로 이어지며 의료, 공해 방지, 재해 방지, 로봇 등의 모든 분야에서 활용할 수 있으며, 인간에 있어서도 쾌적한 생활공간을 지향할 수 있게

계 층	기 능	물 질
계층 1 : 인식 · 선택	오감	반도체 자성체 유전체 등
계층 2 : 전 달	판단	반강유전체 반강자성체
계층 3 : 기 억	학습 기억 (가소성)	강유전체 강자성체
		스핀 글래스
	다치(多値)	강자성 강유전체
	흐릿한 기억	릴랙서
	단기 기억	누설 전류가 큰 강유전체
계층 4 : 읽어 낸다	상기	반도체 자기 저항 물질

표 4-2
센서에 사용하는 기능 물질
(田中秀和, 田畑仁, 川合知二 : 마테리아 39(2000) 243-249에서)

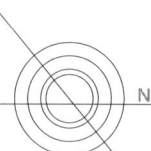

하는 것도 가능하다고 생각한다.

　예를 들면, 매우 작으며 착용 가능한 칩을 귀 뒤 등에 붙여 두고, 거기서 여러 가지 것을 감지한다(그림 4-9). 다리가 골절되어 입원해서 움직일 수 없을 때 더위를 느낀다면 땀을 센서가 감지하고 에어컨이 원격 조정으로 켜진다든지 몸이 자유롭지 못하고 누구도 병문안 오지 않을 때에 화가 나거나 하면 분비된 뇌속 호르몬 등의 물질을 감지해서 흥분 또는 분노를 진정시키는 허브 향기가 나오세하는 등의 일을 할 수 있다. 또, 오감 정보 통신이라는 것도 가능하다. 현재의 정보 통신은 음성과 화상이 다지만, 지능 센서로 전달하고 싶은 냄새와 맛을 감지시켜 그 스펙트럼 정보를 전기 신호로 상대에게 보내어 정보를 받은 사람의 냄새를 감지하는 뇌의 부분을 자극하거나 맛을 느끼는 부분을 자극할 수 있게 된다면 오감으로부터 얻은 정보를 멀리 있는 상대에게 전할 수 있다.

　보다 실용적으로 지능 센서를 이용하는 예로서, 자동차를 운전할 때 센서가 외부의 상태와 자동차 그리고 운전자의 신체 상태를 감지해서 그 정보를 처리하는 것에 의해 최상의 운전 컨디션을 만드는 것으로 그렇게 멀지 않은 미래에 실용화될 것이다.

이상에서 열거한 것 이외의 지능 센서로서 바이오 칩이라는 의료용 센서가 있으며 이것은 다음 5장의 바이오 나노 테크놀로지에서 언급하려 한다. 아무튼 이러한 것들이 실현되기 위해서는 센서가 보다 작고, 고감도로 그리고 지능화하는 일이 필수적인 요소이다.

그림 4-9
지적 센서에 의한
쾌적 공간의 실현

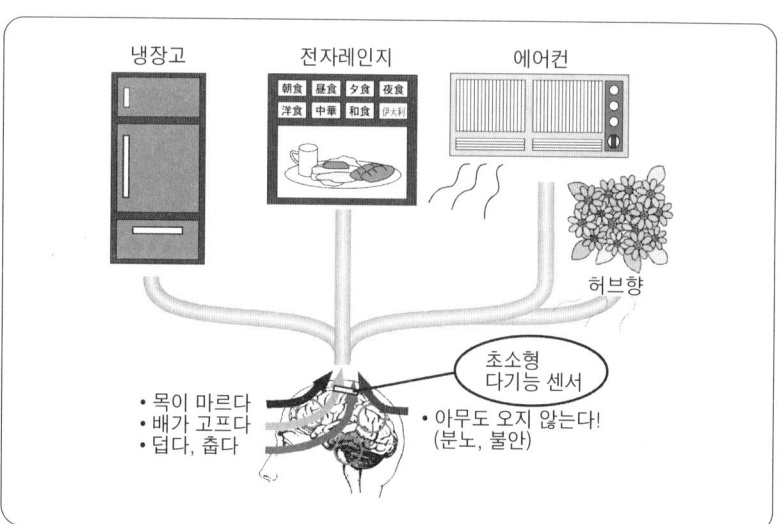

Section 5 스핀트로닉스

　종래의 반도체나 전자 재료는 전자가 전하인 것을 이용하며 반도체 안의 전하를 조절해 전하의 양이 많고 적음을 신호로서 기능화하였다. 이러한 원리로 전기가 흐르는 것을 사용하여 왔으며, 이것은 당연한 것 같으나 실제로는 전자의 물리적 성질에는 전하뿐만 아니라 양자 역학적 특성인 고유한 회전 운동 즉 스핀(Spin)을 갖고 있으며 이 전자의 스핀까지 이용한 나노 스케일의 디바이스를 만드는 연구가 진행되고 있다.

　그것은 스핀트로닉스(Spintronics)라 불리는 것으로, 전자의 자기적인 회전 방향을 의미하는 스핀(Spin)과 반도체로 대표되는 전자 공학(Electronics)을 합성한 신조어로서 일본의 최첨단 연구가 세계적으로 주목받고 있는 기술 분야이다. 전자의 스핀을 이용한다는 것은, 스핀이 위 또는 아래로 향하는 전하와는 전혀 다른 정보가 전해지는 것으로, 자기와 빛에 관련된 기술에 새로운 가능성이 열렸다고 할 수 있다. 전자가 모두 같은 방향의 스핀을 가지고 있으면 한 방향으로 자기를 형성하는 것을 응용해서, 자기 센서와 자기 메모리의 고성능화도 계획되고 있으며, 이러한 기술은 반도체 칩과 연결된다.

　앞으로는 스핀의 방향을 유지한 채로 만들어지는 스핀 트랜지스터 또는 초고속 광 스위치의 개발이 기대되고 있으며, 한편으로는 전자의 위로 향한 상태를 0으로 아래로 향한 상태를 1로 정의함으로써 양자 정보 처리의 기본 단위로 사용할 수 있을 뿐만 아니라, 양자 컴퓨터의 비약적 도약에도 빠뜨릴 수 없는 기술이 된다.

　그 중에서도 최근 수년간 큰 토픽의 하나로서, 이미 실용화가 시작되고 있는 것이 자기 저항 소자를 사용한 센서이다. 녹음 테이프 등의 자기 기록 매체가 소형화되면 물리적 자석도 작아지게 되며 그 자장 또한 약해진다. 이러한 것은 보다 고감도의 자기 헤드로 정보를 감지하지 않으면 안 되지만, 여기서 약한 자장일지라도 자기 저항으로 감지하는 방법이 있다. 자기 저항 소자를 사용한 센서를 사용하면 매우 작은 고감도의 자기 기록 장치를 만들 수 있다. 그 원리를 설명하면, 전자가 회전하고 있을 때 이것은 어떤 방향을 가지는 매우 작은 자석이라 볼 수가 있다. 전류를 흐르게 하고 싶은 물질 중에 전도성 전지기 있디면 그 전도성 전자가 물질 속올 통과할 때(즉 전류가 흐를 때) 그 물질이 원래 가진 전자의 방향이 전도성 전자의 스핀과 같은 방향으로 일치해 있으면 전도성 전자는 매우 이동하기 쉬워진다.

그림 4-10에서는 망간(Mn)의 전자는 전도성 전자와 같은 방향으로 정확히 일치해 있다. 그러나 전자 스핀이 교대로 역향향으로 향해 있는 철의 층을, 일치하는 전자의 방향을 가진 망간과 서로 이웃하게 놓는다. 그러면 망간층만 있으면 한 방향으로 막힘없이 흐르지만 전도성 전자가 흐르는 망간층에 철의 층을 서로 이웃하게 놓으면 망간 속의 전도성 전자는 철층의 역방향으로 된 전자 스핀의 자성의 영향을 받아 어느 방향으로 향할지 몰라 이러지도 저러지도 못하는 상태에 빠진다. 이 현상을 스핀 프러스트레이션(Spin frustration)이라 한다.

그림 4-10
스핀 프러스트레이션

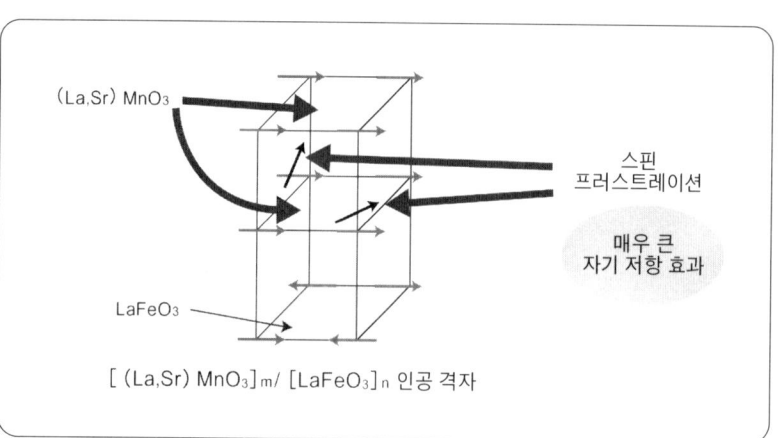

(La,Sr) MnO₃

스핀
프러스트레이션

매우 큰
자기 저항 효과

LaFeO₃

[(La,Sr) MnO₃]ₘ/ [LaFeO₃]ₙ 인공 격자

이렇게, 전자가 갈팡질팡하고 있는, 즉 무질서 배열 상황에 외부에서 자장을 걸어 주면, 전자의 스핀은 그 자장의 방향으로 재빨리 향하는 것을 볼 수 있다. 그래서 순간적으로 전기가 흐르기 쉽게 된다. 스핀 프러스트레이션 상태를 유발시킴으로써 약간의 자장으로도 전류가 흐르기 쉬워지는 이 원리를 이용하면, 상당히 약한 자장으로도 스핀의 방향이 배열되기 쉽게 되므로 자성에 대해서 매우 높은 감도를 가진 센서를 만들 수 있다.

또 그 크기도 나노 스케일로서 원자층 옆에 원자층을 배열해 만드는 것으로 매우 작게 된다. 전자의 스핀을 제어하는 재료의 예로서 Spin glass(유리)가 있다. 같은 투명한 재료라도 수정은 결정 구조를 가지며 원자가 정확히 나열하고 있지만, 유리는 일부는 정확히 나열하지만 그 외는 일정한 방향성 없이 무질서하게 되어 있는 구조를 가지고 있다. Spin glass란 기술은 어떤 재료에 강한 프러스트레이션을 걸어 주면, 유리의 상태처럼 그 재료가 가진 전자의 스핀 방향을 무질서하게 하는 것을 의미한다(그림 4-11 왼쪽).

그러한 전자 스핀의 방향이 유리와 같은 상태가 된 나노 구조에 빛을 쪼이면 스핀이 어떤 일정한 방향으로 일제히 배열한다(그림

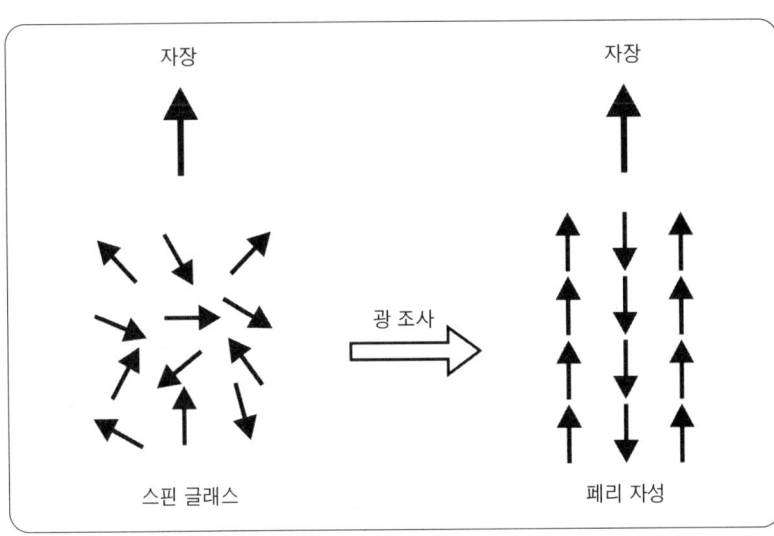

그림 4-11
스핀 글래스

4-11 오른쪽). 무질서하게 되어 있다는 것은 도대체 어느 쪽을 향하면 좋을지 모르는 상태이지만, 그것에 빛으로 미세한 자극을 주는 것만으로도 한 방향으로 정렬 가능하다는 것은 빛에 의한 자기 기록이 가능하다는 것이다.

　컴퓨터의 기록 미디어인 MO(Magneto-Optical) 디스크는, 레이저 광을 쪼여 자성을 바꾸는 것으로 자기 기록을 하는 것과 비슷한 원리이며, 빛을 쪼이는 것에 의해 열이 가해지며 그 열로 재료를 녹이고 그리고 다시 결정화시키는 것으로 스핀 상태를 바꾸고 있다. 그것이 Spin glass라면 갑자기 빛을 쪼이는 것만으로 스핀 상태를 바꿀 수 있어 매우 고성능의 디바이스를 만들 수 있다.

　전하뿐만 아니라 전자 스핀을 제어한 나노 스케일의 재료와 디바이스를 만드는 Spintronics는 차세대 정보 처리 기술로서 큰 가능성이 있는 분야이다.

스핀(Spin)

　1890년 J. R. 리드베리가 선스펙트럼의 규칙성을 밝히고, 1913년 N. H. D. 보어가 수소 원자 이론을 발견하여 원자의 스펙트럼선에 대하여 여러 가지 사항들이 알려지게 되었으나, 해결되지 않는 문제가 두 가지 있었다. 그 하나는 알칼리 원소의 스펙트럼항(項)이 2중 구조를 가지는 일이었고, 나머지 하나는 원소의 스펙트럼이 일반적으로 자기장에 의하여 분리되는 제만 효과가 생기므로 알칼리토류 원소 등 1중 구조를 가지는 스펙트럼의 그것은 간단히 설명이 되는데(正常 제만 효과), 알칼리 원소의 그것은 매우 복잡하여 설명할 수 없다는 것이다(異常 제만 효과). 이들에 대한 설명은 1925년에 비로소 G. E. 윌렌베크와 S. A. 고우트스미트에 의해 해명되었다. 즉, 전자는 공간·시간의 자유도(自由度) 외에 새로운 자유도를 가지는 것으로 생각해야 하며, 이것은 곧 전자는 보통의 질점(質點)이 아

니라 그 자신이 자전(自轉)하여 각운동량을 가지는 것으로 해석한다. 이 자전이 곧 스핀이다.

　전자가 스핀 각운동량을 가지면, 이것과 궤도에 의한 보통의 각운동량을 벡터적으로 합성한 것이 전체 각운동량이 되며, 따라서 에너지 변화가 알칼리 원소의 2중항이 되어 나타난다. 알칼리 원소에서는 스펙트럼선에 유효하게 작용하는 것은 제일 바깥쪽 전자이므로 전자 스핀의 크기는 1/2이면 족하다. 실제로 전자 스핀의 크기를 정하는 데 적합한 실험은 1922년 O. 슈테른과 W. 게를라흐에 의하여 알칼리 원소와 닮은 은 원자에 의하여 자기장을 거는 것으로써 실시되었다. 이들의 원소는 정상 상태에서는 궤도 각운동량을 가지지 않으므로, 전체 각운동량은 전자의 스핀 각운동량이 된다. 더구나 이 스펙트럼항은 1중 구조이므로 제만 효과는 취급이 간단하며, 예상은 확인되었다.

Section 6 단일 분자 소자

원자 메모리와 나란히 궁극의 초고집적 장치라고 할 수 있는 것이 분자 디바이스이다. 분자 디바이스는 하나의 분자가 0과 1을 표시하여 트랜지스터가 되는 것이다. 현재 성공적 성과의 사례의 크기를 살펴보면 폭이 0.5nm(5Å)이며 길이도 1nm 정도로 작은 크기이다.

어떤 한 가지 타입의 분자 디바이스의 원리는 분자 내에서 전자가 이동하는 산화 환원 반응에 의한 것이다. 디바이스로서 만들어진 분자에 한 개의 전자를 넣으면 원자 배치가 변하여 분자의 구조가 구부러진 형태가 된다. 구부러져 겹쳐지면 호스의 물이 흐르지 않는 것과 같이 분자에 전류가 흐르지 않게 된다. 또 전자를 제거하면 원래 구조로 돌아가 전류가 흐르게 된다. 전류가 흐르거나 흐르지 않는 분자 트랜지스터를 만들 수 있으며, 그 스위치의 On-off의 상태로 0과 1을 표시할 수 있다.

현재 위에서 파들어 가는 Top-down의 나노 테크놀로지에 의한 미세 가공으로는 수십 나노미터 정도의 크기로 한계를 보이지만, 분자 트랜지스터에 의해 단숨에 수 나노미터의 트랜지스터가 만들어지게 된다.

원자 메모리의 문제와 동일하게 분자 디바이스 또한 어떻게 해서 분자와 전극을 결합시킬 수 있을까 하는 문제는 남아 있지만, 잠시 후에 설명할 DNA 분자 디바이스를 사용하면 상당수 해결됨을 알게 될 것이다.

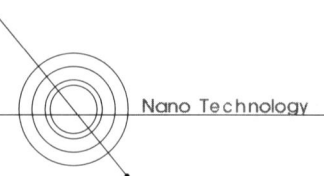

Section 7 바이오 분자 소자

수 나노미터의 트랜지스터로 구성된 분자 디바이스의 실현에는 분자 크기의 물체를 어떻게 나열하여 전극으로 연결한 회로를 만드는가 하는 근본적인 문제가 있다.

생체 분자를 이용한 바이오 분자 디바이스는 그 해결책의 하나이다. 이것은 생체의 프로그램 자기 조직화 원리를 직접적으로 이용한 것으로, DNA 그 자체를 회로의 재료로 한 바이오 분자 디바이스를 만드는 연구가 현재 진행되고 있다. 그 만드는 방법으로 우선 200~300nm로 그다지 미세하지 않을 정도로 기판을 가공하여 그곳에 전극을 설치한다. 극단적으로 작지는 않기 때문에 이 전극의 연결은 그다지 어렵지는 않다. 그리고 그 위에 DNA를 올리면 DNA들끼리 둘둘 감기어 회로를 자연적으로 만들어 준다. 그렇게 해서 만들어진 DNA의 회로가 그림 4-12이다.

그림 4-12
DNA로 만든 회로
(사진은 T. Kanno, H. Tanaka, N. Miyoshi and T. Kawai : Appl. Phys. Lett. 77 (2000) 3848-3850에서)

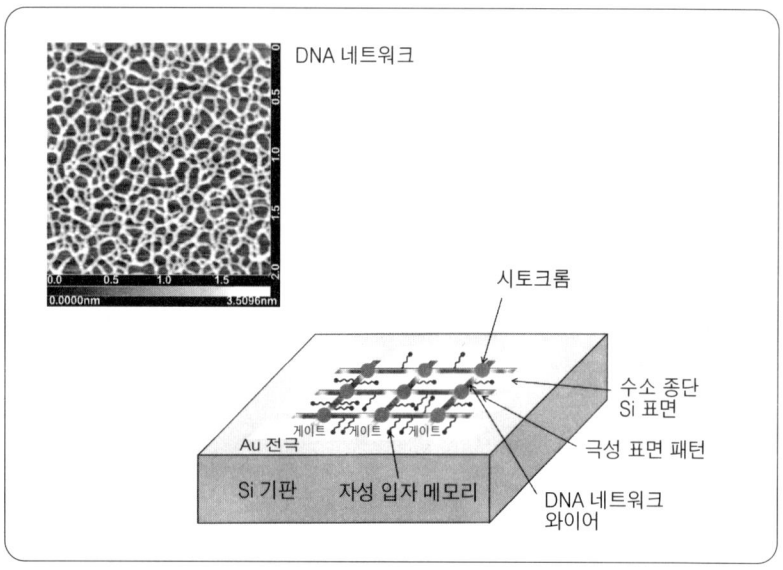

DNA는 A(Adenine)와 T(Thymine), G(Guanine)와 C(Cytosine)의 염기가 조합되어 결합하여 나선 구조로 늘어가지만 아직 감겨 있지 않은 DNA 끝의 한 부분에 다른 DNA 끝을 놓아두면 서로의 DNA가 결합해 감기기 시작하여 두 방향으로 가지가 나누어진다. 이 결합과 가지 나누어짐(분지, Branching)을 되풀이함으로써 DNA에 의한 회로 네트워크가 만들어진다(그림 4-13).

DNA를 연결하면서 회로를 만들고 싶을 때는 정확히 상호 보완적 결합을 하도록 말단 염기를 배열한다. 만약 DNA를 연결시키고 싶지 않을 경우는 상호 보완적으로 되지 않도록 염기를 나열해 두면 된다. DNA를 재료로 한 바이오 분자 디바이스에서는 지금까지 100nm의 미세 가공에 고생해 왔던 것이 DNA의 폭, 즉 단지 2nm라는 미세한 회로를 만들 수 있게 되었다. 게다가 자기 조직화에 의해 뇌의 회로가 만들어지듯이 전면에 걸쳐 회로를 골고루 만드는 것이 가능하다. DNA 자체에 전기가 흐르는가에 관한 토론이 분분하며 DNA는 금속적 특성이 있어 전기가 통한다는 주장과 전혀 흐르지 않는다는 정면으로 대립하는 주장이 있지만, 최근 연구에서 확실해진 것은 DNA는 Widegap의 반도체라는 것이다. DNA가 금속적 특성을 가지도록 요소 등을 도핑(doping, 소량의 불순물을 첨

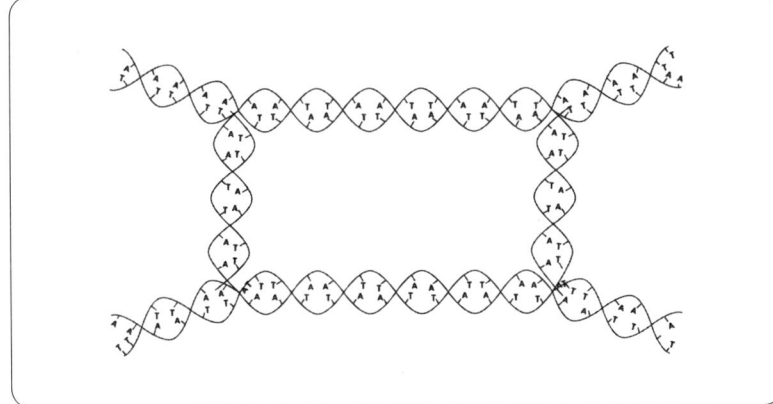

그림 4-13
DNA 회로의 네트워크
(K. Erick Dreksler 著
「나노 테크놀로지 – 창조하는 기계」(퍼스널미디어)에서)

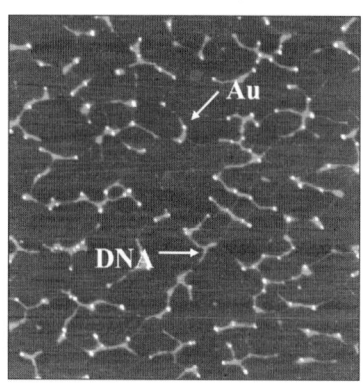

그림 4-14
DNA에 금(Au) 미립자를 끼워 넣은 모습
(Y. Maeda, H. Tabata and T. Kawai : Appl.
Phys. Lett. 79 (2001) 1181-1183에서)

🔍 염기 서열
아데닌(adenine), 구아닌
(guanine), 시 토 신
(cytosine), 티 민
(thymine) 등 4가지 염기
로 구성된 DNA의 염기 서
열은 20종의 아미노산으
로 구성되는 단백질을 생
산하는 일종의 명령어다.
서로 다른 DNA 염기 서열
은 서로 다른 아미노산 서
열을 가진 단백질 생산을
명령하여 각기 다른 기능
을 가진 단백질을 생산한
다. DNA 염기 서열 중에
서 단백질 생산에 직접 사
용되는 부분이 바로 유전
자이다. 단백질은 생물체
내에서 일어나는 대사 과
정에서 촉매 작용을 한다.
또 운동과 신경 작용, 면역
그리고 광합성과 물질수송
등 모든 생명 현상을 가능
하게 한다.

할 수도 있으며, 전기장을 가해 주는 것으로 전기를 흐르기 쉽게 또
는 흐르기 어렵게 하면 트랜지스터를 만드는 것도 가능하다. 또
DNA는 염기 서열이라는 지정된 Address를 가지고 있기 때문에
염기 서열 순서를 지정해 두면 염기 분자의 상호 보완성을 이용해
서 배선 중에 원하는 장소에 자성 입자 또는 금 입자를 끼워 넣을
수 있다는 이점도 있다. 그림 4-14의 띄엄띄엄 빛나고 있는 점이 금
입자이다. 이처럼 염기 배열, 즉 3.6Å(0.36nm)의 정밀도로 미립
자를 넣는 것이 가능하다.

무엇보다 DNA 등의 바이오 재료를 사용하는 최대 장점은 사용
하면 사용할수록 성장해 가는 인간의 두뇌 모양의 디바이스로 발전
시킬 수 있다는 것이다. 그런 의미로 바이오 분자 디바이스도 나노
테크놀로지의 궁극의 모습 중 하나이다. 앞으로는 DNA뿐만 아니
라 여러 가지 바이오 분자를 재료로 한 나노 디바이스를 만들어 갈
것으로 예상한다.

Section 8 나노포토닉스

포토닉스(Photonics)라는 것은 광 기술을 말한다. 정보 통신 브로드밴드화는 확실히 광 통신에 의해 촉진되었으며 그렇게 되면 지금까지 전자 디바이스로 이루어져 오던 장치가 모두 빛에 의한 장치로 바뀌지지 않으면 안 되므로 새로운 나노 구조 포토닉스 재료를 만들어 내는 일이 정보 통신 분야에 있어서 과제가 되고 있다. 광통신을 하기 위해서는 우선 레이저를 발생시키는 부분 그리고 광스위치와 광 변조를 행하는 장치가 필요하게 된다. 또, 수신하고 검출하는 장치도 없으면 안 된다. 그러한 장치를 만들기 위해서는 빛을 끌어와 그것을 가두거나 나누거나 하여 빛을 제어할 수 있는 재료가 필요하게 되었다. 이때에 사용되는 재료가 포토닉스 결정이라는 것으로 나노 테크놀로지로 만들어진다. 포토닉스 결정은 수백 nm 즉 빛의 파장과 비슷한 정도의 주기성 구조를 가진 결정이다. 왜 파장과 비슷한 크기의 주기성이 필요한가 하면 빛의 처리에는 회절 현상을 이용하지만 빛의 파장보다 주기가 짧으면 회절 현상이 일어나지 않기 때문이다. 빛에 관한 재료, 디바이스에는 이 외에도 여러 가지가 있지만 그것들은 빛의 파장 정도의 나노미터 영역에서 만들어지고 있다.

통신 전파의 주파수는 라디오가 킬로헤르츠(kHz), 텔레비전이 메가헤르츠(MHz), 핸드폰이 기가헤르츠(GHz)라는 보다 높은 주파수로 이동해 가고 있으며 현재는 테라헤르츠(THz)의 영역에까지 진입하려 한다. 이것은 고주파수 영역대가 보다 많은 정보를 전달할 수 있기 때문에 고주파수의 전자파가 요구되고 있지만 종래의 테라헤르츠 주파수의 전자파 발생 장치로는 미약한 전파밖에 발생시킬 수 없었다. 이것이 나노포토닉스 연구가 진행되어 펨토초(1000조분의 1초)마다 레이저를 쪼이는 것으로 반도체 등에 전류

를 흐르게 하여, 고효율의 테라헤르츠 전자파를 발생시킬 수 있는 것이 알려져 있다. 인간은 정보의 70% 이상을 시각 즉 빛을 통해서 얻고 있다. 이것은 인간이 정보를 얻는 것과 빛의 밀접한 관계를 표시하고 있다. 그리고 광 기술 또한 나노 스케일로 관찰·제어하는 것이 중요하며 나노포토닉스는 고도 정보 사회를 달성하기 위한 중요한 열쇠를 쥐고 있다.

우리의 나노포토닉스

• 초미세 반도체 레이저 발진기 개발

2002년 4월 18일 한국과학기술원(KAIST) 이용희 교수 연구팀은 2차원 반도체 광결정을 이용한 μm 크기의 초미세 레이저 발진기 "나노레이저"를 개발했다.

2차원 광결정 구조의 레이저 발진기 중 크기가 가장 작은 이 나노레이저의 개발로 레이저를 이용한 근거리 초고속 광통신 기술 개발이 활발해질 전망이다.

광결정은 두가지 종류의 반도체를 계속 겹쳐 배열한 것으로 광결정을 이용하면 원자 단위에서 빛을 제어할 수 있어, 광 통신이나 광 컴퓨터 등의 핵심 소자이다.

나노레이저는 갈륨(Ga), 비소(As) 등 반도체 소재로 200nm 두께의 2차원 광결정을 만든 다음 만들어진 광결정에 500nm 정도의 거리로 일정하게 배열된 구멍을 뚫어 발진기를 만들었다.

• 광통신용 나노양자점 세계 최초 개발

성균관대학교 금속·재료공학부 정원국(鄭源國) 교수 팀은 차세대 광통신용 레이저 실현을 앞당길 수 있는 나노양자점 신물질을 세계에서 처음으로 개발했다.

정원국 교수 팀은 2002년 11월 5일 3차원적 나노양자점을 형성하는 물질인 인듐비소에 소량의 질소를 첨가함으로써 광통신 시스템에 사용되는 1300nm 파장의 빛을 내는 나노양자점을 형성하는 데 성공했다.

나노양자점은 갈륨비소 웨이퍼에 가스를 주입할 경우 스스로 생성·성장하는 인듐비소 또는 인듐갈륨비소 덩어리가 형성하는 것이다.

그동안 세계적으로 갈륨비소 웨이퍼 위에 인듐비소 또는 인듐갈륨비소 반도체를 3차원 형태로 성장시키는 방법이 연구돼 왔지만 이들 물질을 이용할 경우 형성되는 나노양자점은 1200nm에 불과한 파장의 빛만 내는 단점을 안고 있었다.

이 연구는 기존의 방식처럼 인듐비소를 이용하는 것이지만 이에 질소만 첨가함으로써 광통신 시스템에 사용할 수 있는 양질의 나노양자점을 형성할수 있게 되었으며, 이 신물질은 간단하고 가격이 저렴할 뿐만 아니라 양질의 빛을 내는 획기적인 것이다.

이 연구는 자체로 나노 구조에서의 물리 현상을 규명한 성과를 올린 것은 물론 실용적인 측면에서도 광통신 시스템의 광원인 반도체 레이저의 성능 향상 및 그 제작 비용 절감에 필요한 기반 기술을 제공하고 있다.

정원국 교수 팀은 개발된 신물질을 나노양자점 레이저, 광 증폭기, 수광 소자, 단전자 트랜지스터, 광 결정 소자 등 차세대 광 통신용 광전 소자 제작에 응용하는 방법도 연구하고 있다.

CHAPTER

5

바이오 나노 테크놀로지

Section 1 자연계에서 배우는 나노 테크놀로지

본 장에서는 나노 테크놀로지의 바이오 테크놀로지에 대한 응용에 대하여 알아보기로 한다.

대개 생체라고 말할 때는 프로그램과 자기 조직화에 의해 만들어지는 여러 가지 분자 기계가 포함된다. 이들 바이오 세계에서는 마치 나노 테크놀로지에 의해 형태를 만들어내는 것과 같은 일을 한다. 이런 의미에서 바이오 테크놀로지는 모두 나노 테크놀로지라고 말해도 조금도 틀리지 않는 말이다. 다만, 나노 테크놀로지 쪽이 바이오 테크놀로지에 비해 보다 넓은 개념이라고 할 수 있다. 그것은 인공적인 나노 테크놀로지에는 바이오에서는 사용하지 않는 물질도 취급하기 때문이다. 그러므로 나노 테크놀로지는 바이오 테크놀로지를 포함하는 상위의 개념이라고 할 수 있다.

(1) 바이오 세계는 완벽한 표본

1장에서 설명한 것같이 나노 테크놀로지가 목표로 해야 할 길은 원자·분자를 짜맞추어 새로운 세계를 만드는 Bottom-up의 나노 테크놀로지이다. 바이오의 세계야말로 Bottom-up의 방법으로는 그 이상이 없을 정도로 잘 만들어진 것이기 때문에 인공적인 나노 테크놀로지에 있어서 바이오 나노 테크놀로지는 매우 시사하는 바가 큰 기술 분야인 것이다.

예외 없이 완전한 Bottom-up의 나노 테크놀로지에 의해 만들어진 바이오 세계는 우리들의 인공적인 나노 테크놀로지의 완벽한 본보기라 할 수 있다.

(2) 환경 조화형 생산 기술

재료 분야야말로 과학 기술의 기반이 된다는 관점에서 바이오 응용의 하나로 등장하고 있는 것이 재료 생산 기술로서의 나노바이오이다. 생체에서는 DNA의 프로그램에 의해서 단백질 등의 나노 부품이 형성되고 그 부품들이 상호 작용을 잘하여 결합되어 뼈가 되기도 하며 피부가 되기도 하지만, 인공적인 나노 테크놀로지에서는 바이오 물질 이외의 것에도 그 메커니즘을 적용한 생산 기술을 목표로 하고 있다. 즉, 자연계가 우리들의 몸을 만드는 것과 같은 방법으로 유용한 재료를 인공적으로 생산하자는 것으로 이것은 DNA의 프로그램을 조작하는 것으로 이루어진다. 탄산칼슘과 인산을 원료로 하여 생체로부터 만들어지는 것으로는 진주와 조개껍질이 있다(그림 5-1).

진주 양식은 잘 알려져 있으며 핵이 되는 씨를 진주 조개에 이식하는 것으로 지금까지 인위적으로 만들어지고 있지만, 나노 테크놀로지에 의해 DNA를 정확히 제어하는 것으로 지금보다 월등히 우수한 진주와 조개껍질을 만드는 것이 원리적으로 가능하다. 예를 들면, 조개껍질의 DNA를 정확히 제어하는 것으로 균일한 접시로서 생산하거나, 그것에 무늬를 넣거나 하는 것도 가능할 것이다. 또한 페로브스카이트는 생체에서 만들어지는 것이 아닌 광물이지만, 그 합성도 인공적인 나노 테크놀로지로 가능하게 될지도 모른다.

페로브스카이트는 유전체와 초전도체의 전자 재료로서 사용되는 것으로, 이와 같이 유용한 무기물 재료를 인공적으로 합성하는 생산 기술이 앞으로의 바이오 나노 테크놀로지의 중요한 한 방향이 되리라 본다. 지금까지의 제조 기술보다 프로그램 자기 조직화를 이용한 나노바이오에 의한 생산 기술이 우수한 점은 환경에 조화된 제조 프로세스와 재료를 실현한다는 점이다. 자연계가 진주와 조개껍질을 만들 때에는 유해한 물질을 배출하는 일이 없는 것처럼, 바이오와 나노 테크놀로지가 결합한 기술은 지구의 환경 보호라는 점에서도 주목받는 기술이다.

혼합 산화물

2개 이상의 다른 종류의 양이온이 포함된 산화물. 혼합산화물에는 매우 광범위한 종류의 산화물이 포함된다. 대표적인 것으로는 스피넬(Spinel : $MgAl_2O_4$), 일메나이트 (Ilmenite : $FeTiO_3$), 페로브스카이트(Perovskite : $CaTiO_3$)가 있다. 이 중에서 페로브스카이트는 $YBa_2Cu_3O_7$ 등과 같은 고온 초전도체의 구조와 성질을 설명하는 데 중요한 광석이다.

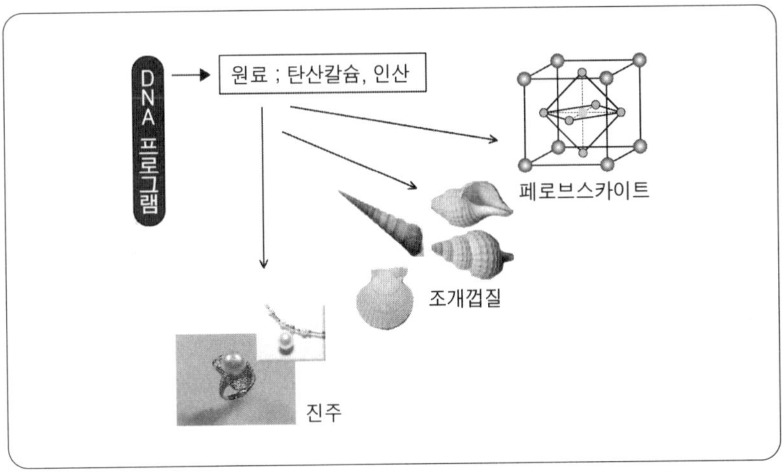

그림 5-1
탄산칼슘과 인산에서 프로그램에 따라 진주, 조개껍질, 페로브스카이트가 만들어진다.

Section 2 ── 의료에의 응용 : Pin Point Drug Delivery

예전부터 꿈으로 여겨지던 기술이 나노 테크놀로지에 의해 현실화되고 있으며 그 중 하나가 Pin point drug delivery라 불리는 의료 기술이다. 이것은 인간의 체내에 나노미터 크기의 분자 기계를 주입하여 환부에 직접 약을 운반하는 것이다.

예를 들어, 간장약이라면 간장에 있는 항원에 꼭 맞는 항체의 운반체를 사용하여 그 운반체가 모세 혈관을 통해 간장까지 왔을 때 그곳에 있는 항원에 항체인 운반체가 결합되어 약효를 나타내게 하는 방법이다.

나노바이오에서 가장 기대되는 것은 의료 분야에의 응용이다. 예전부터 꿈으로 여기던 기술이 나노 테크놀로지에 의해 가능하게 되었으며 그 중 하나가 Pin point drug delivery라 불리는 의료 기술이다. 이것은 인간의 체내에 나노미터 크기의 분자 기계를 주입하여 Pin point로 환부를 치료하는 것이다. "실제 Drug Delivery System은 어떤 것일까?" 그 원리는 Drug Delivery라는 이름 그대로 운반체(Carrier)로 불리는 나노 크기의 물질이 약을 운반하는 것이다.

그림 5-2는 100~200nm 크기의 운반체이며 좀 작은 것은 수십 nm이다. 그림의 운반체는 인간의 세포막과 같은 콜레스테롤과 인지질로부터 조성된 지질 2분자막의 구형 소포체(Vesicle)의 캡슐 모양의 입자로서, 이 운반체에 항암제 등의 약물을 붙이거나 채워 넣거나 한다. 우리들은 그것을 약으로서 복용하거나 주사로 투여하면 되는 것이다.

어떤 물질이 혈액 속에 흘러 다닐 때 인간의 몸은 그것이 3nm보다 작으면 자연히 흡수하거나 배출하거나 한다. 즉, 이것이 우리들

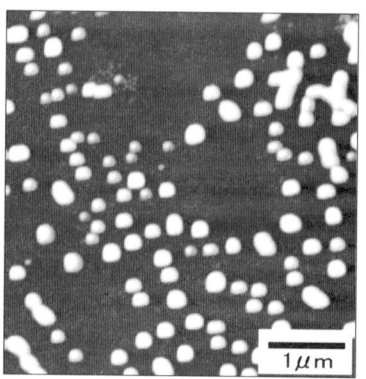

그림 5-2
핀 포인트 드러그 딜리버리에 이용하는 나노미터 크기의 소포체

1μm

의 혈액 중의 영양분을 흡수하는 원리이다.

반대로, 극단적으로 크게 400nm 이상의 미크론에 가까운 크기의 것은 이물질로 인식되어 분해하여 배출된다. 이처럼 혈액 중의 물질을 영양분으로 흡수하거나 이물질로 배출하거나 하는 시스템을 우리들의 몸은 가지고 있으며, 그 크기가 크지도 작지도 않는 4~400nm 크기의 물질은 흡수도 분해도 되지 않고 혈관을 순환하는 것이 가능하다(그림 5-3).

Pin point drug delivery는 이러한 원리를 이용하고 있으며 그 유효성은 항암제의 예를 보면 잘 이해할 수 있을 것이다. 현재 사용되고 있는 항암제는 암세포에 대해 매우 잘 듣는 약이다. 그러나 단점으로 항암제를 섭취하면 곳곳에서 흡수되어 정상적인 세포까지 암세포로 간주되어 파괴하여 버린다는 것이다.

그러한 이유로 잘 알려진 것처럼 항암제를 복용하면 그 부작용으로 머리카락이 빠지거나, 내장 기능이 저하되거나 하는 것이다. 그렇다면 혈관에서 흡수되지 않은 채로 환부에 도달하기 위해서는 나

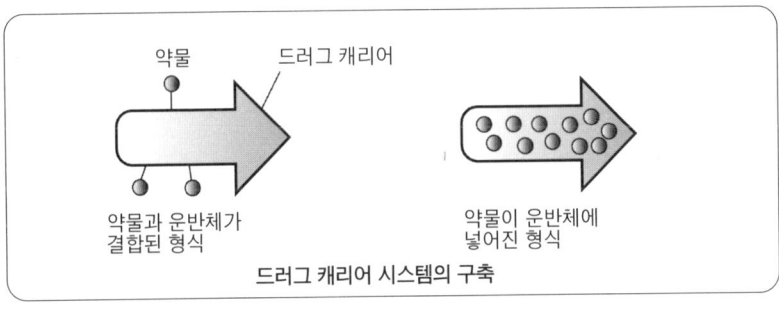

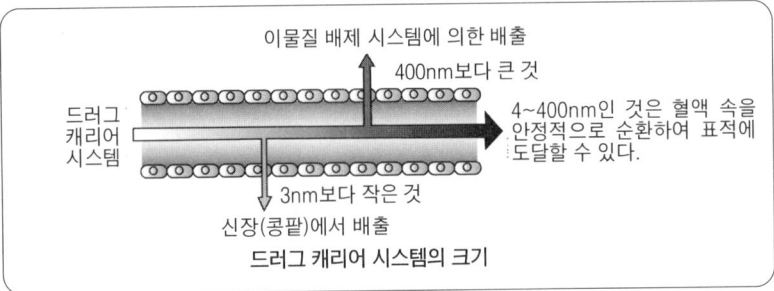

그림 5-3
드러그 딜리버리 시스템
(川合知二 監修 「나노테크놀로지에 대하여」 (工業調査會) 에서)

항원 항체 반응

항원과 이것에 대응하는 항체 사이에 일어나는 특이적인 반응으로, 홍역에 걸린 사람이 다시 홍역에 걸리지 않는 것은 그 사람의 혈청 속에 홍역 바이러스에 대한 항체가 생겨서 재감염 때는 체내에서 항원 항체 반응이 일어나 발병을 저지하기 때문이다. 이것을 면역 반응이라고 하여, 혈청 요법이나 예방 접종에 응용하고 있다. 그러나 천식이나 식사성 두드러기와 같은 알레르기성 질환, 또는 페니실린 쇼크와 같이 인체에 불리한 현상으로 나타나는 경우도 있다.

또, 시험관 내에서는 어떤 감염증에 걸려 항체가 생긴 사람의 혈청과 그 항원인 병원체를 시험관 안에서 혼합하면, 응집 반응·용균 현상·중화 반응·보체(補體) 결합 반응이라고 하는 항원 항체 반응이 나타나며, 모두 감염증의 진단에 응용되고 있다. 장기 이식에서 보이는 거부 반응도 그 일종이다.

이와 같은 항원 항체 반응의 메커니즘에 관해서는 많은 학설이 있었으나, 오늘날에는 면역 화학의 진보에 의하여 항원 및 항체의 특정 원자단이나 기(基)가 결정적인 역할을 한다는 것이 명확해졌으며, 화학 구조로 논할 수 있는 물리 화학적 반응이라고 보고 있다.

노 스케일의 운반체를 이용하면 좋을 것이다. 이 나노 스케일의 물질만이 혈관을 통과할 수 있다는 사실은, 또다시 나노미터 세계의 불가사의함과 중요성을 인식시켜 준다.

약이 효과를 나타내기 위해서는 혈관을 통과해 환부에 도달하는 것만으로는 아무것도 되지 않는다. 약이 Pin point로 환부를 공격하는 방법은 각각의 병에 따라 여러 가지 나노바이오를 응용한 방법이 취해지게 된다. 예를 들어, 암이라면 암 조직의 혈관에는 니노 스케일의 구멍이 뚫려 있다는 것을 착안해서, 100nm 이하의 그 구멍에 들어갈 수 있는 크기의 운반체를 사용하는 방법이 연구되고 있다. 이것에 의해 암세포 부분만 집중적으로 항암제가 약효를 나타내는 것이 가능하고 부작용은 현저히 억제되며 치료 효과의 증대를 얻을 수 있는 것이다. 운반체의 크기를 제어하는 것 이외에는 항원, 항체가 결합하는 항원 항체 반응을 이용하는 방법도 있다. 이 경우에는 운반체에 항체 물질을 사용한다. 예를 들면, 간장약이라면 간장에 있는 항원에 꼭 맞는 항체의 운반체를 사용하여 그 운반체가 모세 혈관을 통해 간장까지 왔을 때 그곳에 있는 항원에 항체인 운반체가 결합되어 약효를 나타내게 하는 방법이다.

운반체로서 여러 가지 형태가 개발되고 있지만 축구공 모양의 탄소 분자 풀러린(Fullerenes, C60)의 이용도 고려되고 있다. 풀러린의 크기는 수 nm로 그것에 가돌리늄(Gd)과 스칸듐(Sc), 사마륨(Sm) 등의 금속 원자를 넣으면 체내의 단면 화상을 얻을 수 있는 MRI의 조영제 등에 사용 가능하며 고감도로 검출할 수 있다. 이외에도 풀러린을 운반체로 한 AIDS 치료약의 개발도 발표되어 있다. 약물 운반 시스템은 소설적 이야기인 것이 아니라 실제로 국립 간 센터에서 임상 실험이 행해지고 있으며 좋은 효과를 얻는 단계까지 이르렀다.

또, Pin point에 약을 운반하는 것만 아니라 조영제와 검사약 등으로서도 이후 나노미터의 약이 의료에 매우 큰 위력을 발휘할 것으로 전망한다.

Section 3 바이오칩

모든 생체에 관한 검사를 간편하게 할 수 있도록 한 것이 바이오칩이라는 것이다. 간편한 검사라고 하면 그다지 중요한 것이라는 생각이 들지 않겠지만 가까운 장래에 이 바이오칩이 우리들 생활을 크게 개선해 갈지도 모른다. 바이오칩이란 유리와 실리콘 등의 기판을 세공하고 그 위에 DNA와 단백질 등이 올려져 있는 작은 칩이다.

이 칩이 실용화된다면 다음과 같은 일이 가능하지 않을까 생각한다. 예로서 매일 아침 그 칩을 핥는다든지, 화장실에 설치해 두어 용변시 자동으로 검출한다든지, 모기가 무는 정도의 전혀 아픔을 못 느낄 정도의 주사기로 채취한 극소량의 혈액을 칩에 주사함으로써 매우 간편하게 개인의 사정에 맞추어 필요한 체내의 검사를 일상적으로 해결할 수 있을 것이다(그림 5-4).

지금의 검사 체계는 우선 병원에서 혈액을 채취하고 검사에 며칠 걸리며 또다시 병원에 가서 그 결과를 받아 알게 되는 것으로 시간

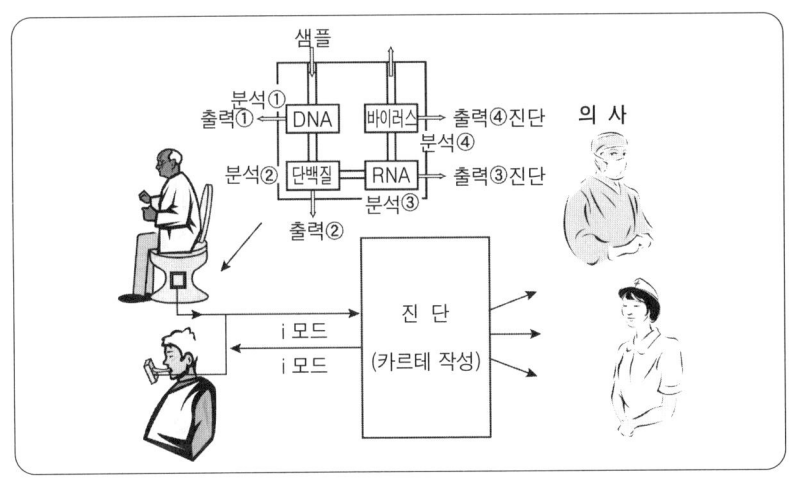

그림 5-4
바이오칩에 의한 일상적 검사 시스템

도 수고스러움도 요구된다. 이러한 검사를 매일 받을 수 있는 것이 아니기 때문에 검사를 받을 때는 이미 병이 진행되어 손쓸 수 없게 되는 경우도 있다. 만약 바이오칩이 한 번 쓰고 버려지는 일회용품으로 매일 간편하게 검사할 수 있고 그 결과가 휴대 단말기 등으로 병원에 자동적으로 보내져, 진료 기록 카드(karte)가 작성되는 시스템이 만들어진다면 안심하고 건강한 일상생활을 할 수 있다. 예를 들어, 몸에 암세포가 생기면 그 징후로서 암 마커(marker)가 체내에 분비된다. 암 마커는 극히 초기에서부터 나오기 시작하기 때문에 매일의 검사로 그 이상이 검출되고 그 정보가 그대로 의사에게 보고되면 바로 대응 가능한 치료를 받을 수 있다. 바이오칩을 사용해 검사할 수 있는 것은 인간의 몸뿐만이 아니다. 음식이 상해 있으면 식품이 분해된 듯한 물질이 나오는 원리를 이용해 단체 급식 등의 샘플을 검사해서 집단 식중독을 피할 수 있다.

매년 여름철에 문제가 되는 O-157과 확대가 우려되는 광우병 등이 걱정되면 바로 그 장소에서 검사할 수 있으면 좋겠지만, 인체로 그 유해함을 확인하여 그 사람이 감염되어 쓰러진다면 실용 불가하며 시간이 많이 걸리는 검사는 의미를 잃어버리지만, 바이오칩으로 손쉽게 당장 확인할 수 있다면 별 큰 문제로 여겨지지 않게 될 것이다. 이처럼 바이오칩이 보급된다면 의료와 안전 대책이 크게 변화될 가능성이 있다.

그림 5-5
마이크로 어레이형
바이오칩

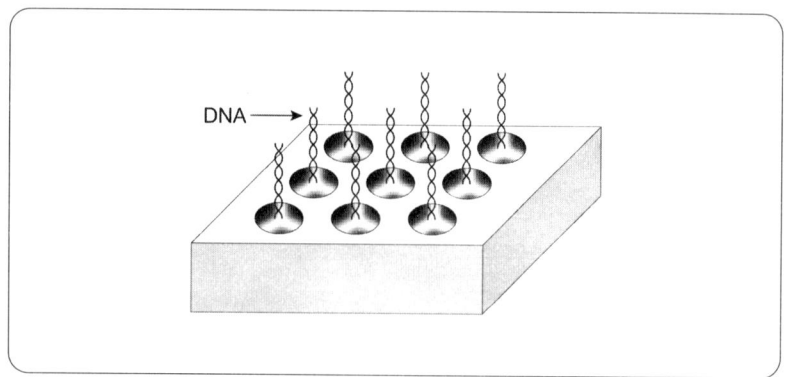

DNA ⟶

바이오칩이 사람 대신에 검사체로 이용되거나 독의 유무를 검사하는 것과 같은 의미로 바이오칩은 칩 위에 인간의 몸을 하나 더 만드는 것과 같은 것이라 말할 수 있다.

그 대역의 몸이 미리 나쁜 상태를 경고해 주고 우리들은 몸을 지킬 수 있는 것이다. 바이오칩에는 크게 나누어 micro-Array와 micro-TAS라는 두 가지 종류가 있다.

micro-Array는 기판에 도트(Dot) 구조가 규칙적으로 배열되어 있으며, 그 하나하나의 도트 위에 DNA와 단백질이 올려져 있는 구조를 가진 칩이다(그림 5-5).

전기 화학 방식 DNA micro-Array의 예를 든다면, 수천에서 수만의 금으로 만든 전극의 도트를 기판 위에 나열하고 DNA 조각을 이 전극 위에 올려서 만들 수 있다. 기판에 나열된 DNA는 Probe-DNA라 불리며 검사의 기준이 된다.

이렇게 해서 만들어진 micro-Array에 검사하고 싶은 DNA(Target-DNA)를 올리면, 특별히 병 등의 이상이 없는 경우는 Probe-DNA와 Target-DNA는 상호 보완적으로 서로 나선형으로 감기게 된다. 반대로 Target-DNA에 이상 또는 손상이 있어, 염기쌍 배열인 A(Adenine)와 T(Thymine), G(Guanine)와 C(Cytosine)의 관계가 뒤틀려 있으면 두 개의 DNA는 정확하게 감기지 않게 된다. DNA가 서로 감겼는지 아닌지를 판정하는 것에

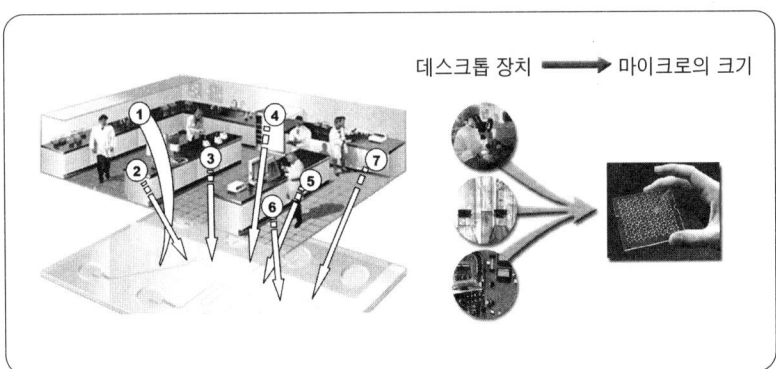

데스크톱 장치 ➡ 마이크로의 크기

그림 5-6
micro-TAS의 이미지

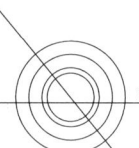

PCR

극소량의 유전자를 인위적
으로 복제해 수십만 배로
증식시키는 기술.
유전자를 90℃의 고온에
서 이중 나선으로 푼 다음
70~50℃의 낮은 온도에서
단계적으로 중합 과정이
일어나도록 하여, 이 과정
이 한 번 반복될 때마다 복
제가 일어나 두 배의 유전
자가 만들어지게 하는 방
법이다. 이 기술을 이용하
면 과거에는 감지할 수 없
었던 유전자의 미세한 변
화나 미량의 유전자를 쉽
게 인식할 수 있다. 암세포
의 돌연변이와 유전병의
진단, 법의학 분야의 범인
확인이나 친자 확인 검사,
인류의 진화 · 이동 연구,
유전자를 이용한 유전 공
학 제품 생산 등에 다양하
게 이용할 수 있다.

는 DNA에 미리 형광제를 붙여 두고 DNA끼리 서로 달라 붙으면
도트가 빛나거나, 전극의 도트에 흐르는 전류가 변하는 것을 조사
하는 방법을 취하고 있다. 그러한 변화를 봄으로써 검사 대상의
DNA에 이상이 있는지 없는지 알 수 있는 것이다. micro-TAS(마
이크로 종합 분석 시스템, TAS ; Total Analysis system)은
Lab-on-a-Chip이라고 불리며, 즉 실험실(Laboratory)이 통째로
한 개의 칩 위에 올려져 있다는 바이오칩이다(그림 5-6).

실험실에서 DNA를 분석하려고 하면 우선 DNA를 원심 분리 장
치에 넣고 분리시켜 그것을 PCR(Polymerase Chain Reaction)
방법으로 증폭시켜, 어느 정도 양의 샘플이 만들어지면 그 다음 전
기 영동(Electrophoresis)을 거는 등 몇 가지 과정을 거쳐서 검사
된다.

micro-TAS는 그 하나하나의 과정을 마이크로 스케일에 적용시
켜 모든 것을 한 개의 칩 위에서 행하는 것이다. 여기에 오해가 없
도록 부연 설명하면, 바이오칩 자체는 수 cm² 또는 그 보다 작은 것
이지만 그 주변에는 통상 커다란 장치가 붙어 있다. micro-TAS는
기판 위에 마이크로 스케일의 회로를 가공하여 그곳에 용액 또는
DNA 등의 검사체가 이동하는 구조로 되어 있다. DNA를 분리해서
선별하는 공정에는 DNA가 이동해 가는 칩 위의 회로에 100nm 정

그림 5-7
**DNA를 분리하는 나노미터
의 필러**
(「나노바이오 기술 조사 연구
보고서」, 전자정보기술산업협
회 (2001)에서)

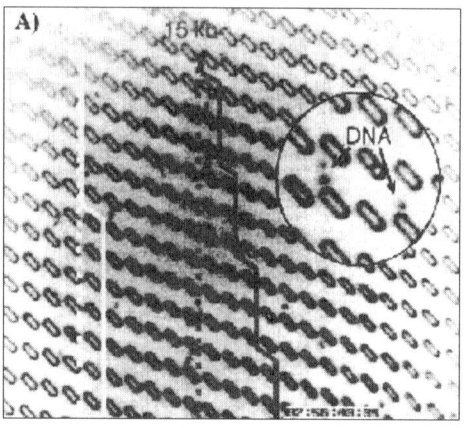

도 크기의 기둥(pillar) 몇 개를 세워두는 방법이 있다(그림 5-7).

그렇게 하면, 짧은 DNA는 기둥을 순조롭게 빠져나가면서 점점 이동해 가지만, 긴 것은 기둥에 부딪히면서 나아가기 때문에 그것으로 짧은 것과 긴 것을 자동적으로 나눌 수 있다. 마이크로 스케일에서 모든 공정을 이루는 경우의 이점은, 부피적으로 큰 것을 매우 작게 할 수 있을 뿐만 아니라, 해석에 걸리는 시간도 압도적으로 단축된다는 것이다. 보통의 분석에서는 용액 중의 농도가 균일하게 되는 확산이란 현상이 생화학 반응을 늦추는 원인이 되고 있지만, micro-TAS에서는 반응이 일어나는 장소가 매우 작기 때문에 확산이 거의 일어나지 않으며 micro(10^{-6})초에서 pico(10^{-12})초라는 압도적으로 짧은 시간에 효과적인 반응을 끝낼 수 있다.

또 하나의 이점은, 이용하는 샘플 양도 극히 적은 양으로 가능한 것으로 micro-TAS를 사용하면 인간의 몸에서 채취해도 거의 영향을 주지 않는 양의 샘플로 매우 간편하고도 신속히 분석할 수 있는 것이다.

참고 | 전기 영동(電氣泳動)

콜로이드 용액 속에 전극을 넣고 직류 전압을 가했을 때 콜로이드 입자가 어느 한쪽의 전극을 향해서 이동하는 현상으로, 전기 이동(電氣移動, electrophoresis)이라고도 한다.

1808년 F. F. 루스가 처음으로 발견하였다. 콜로이드 입자가 전기를 띠고 있기 때문에 생기는 현상이다. 예를 들면 수산화철이나 수산화알루미늄 등 콜로이드 입자는 음극 쪽으로 이동하고, 황·금·은 등 금속 콜로이드나 황화물·규산 등이 분산된 콜로이드 용액에서는 입자가 양극 쪽으로 이동한다. 입자의 이동 속도는 입자 계면의 전기 운동학적인 전위 차이에 의해서 변하며, 전해질이 흡착하면 이 전위차의 크기가 변하

므로 용액 속 전해질의 농도나 종류에 의해서 영향을 받는다.

또, 입자 크기와 형태에 따라서도 변한다. 따라서 콜로이드 입자의 각종 성질이 같다고 해도 어느 하나가 다르면 전기 영동으로 입자를 분리할 수가 있다. 이와 같은 방법을 이용하면 여러 분석을 할 수 있지만, 특히 단백질 분석을 하는 데 있어서 중요하다. 또한 전기 영동은 점토를 가공하여 순도 높은 것으로 만들거나 합성수지·고무 등을 전기 분해하여 전해질 용액에서 석출한 이온이 음극의 물체 표면에 들러붙도록 하는 경우 등에 이용한다.

Section 4 | 여러 가지 분석 기술

나노 바이오 테크놀로지의 분석 기술에 대해서는 몇 가지 흥미 있는 아이디어가 제안되고 있으므로, 그 중 몇 가지를 소개하려 한다.

(1) 캔틸레버

특히 바이오칩과 연관되는 것으로서는 캔틸레버(Cantilever)라는 것이 있다. 캔틸레버는 그림 5-8과 같이 실리콘으로 만든 마이

뉴클레오티드
뉴클레오시드의 당 부분이 인산과 에스테르로 되어 있는 것.
핵산은 염기가 피리미딘 염기 또는 퓨린 염기의 뉴클레오티드 중합체(폴리뉴클레오티드)이다. 천연으로는 핵산 합성의 전구체(前驅體)·인산 공여체나 조효소의 구성 성분으로 존재하는 것이 많다. 뉴클레오티드는 보통 아데닐산, 디옥시아데닐산이라고 하나, 정확하게는 뉴클레오티드의 당 부분에 결합하고 있는 인산의 위치와 수에 의해 불린다.

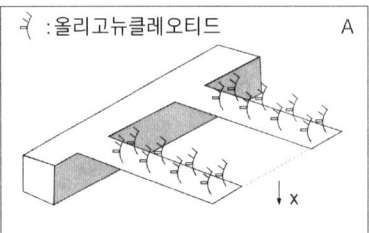

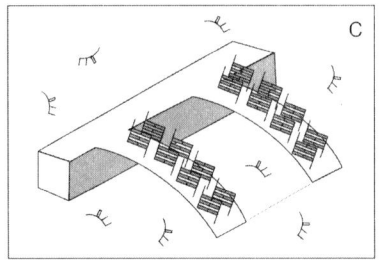

그림 5-8
DNA를 감지하는 캔틸레버
(IBM 웹 사이트에서)

크로미터의 모자 차양 같은 것으로 그위에 DNA를 붙여 둔다. 그곳에 검사하고 싶은 Target-DNA가 왔을 때에, 그것이 상호 보완적 관계로 서로 감기는 DNA라면 그 서로 감긴 것으로 증가한 무게에 의해 캔틸레버가 휘어 밑으로 내려간다. 이와 같이 활처럼 휘는 것은 단지 수 nm이지만, 충분히 감지 가능하며, 일례로 캔틸레버에는 레이저 광선이 조사되어 있어 반사되는 위치가 변하는 것에 의해 감지하는 원리로 되어 있다.

이 캔틸레버로 SNP(Single Nucleotide Polymorphism)라는 단 한 개의 염기가 다른 DNA도 감지할 수 있다.

(2) 태그(Tag)

질환의 원인이 되는 분자와 미생물을 검출하기 위해서는 항원과 항체가 결합하는 항원 항체 반응의 이용이 고려되고 있다.

우선 자성을 나타내는 나노 입자에 항체를 붙여 그 항체가 붙은 나노 입자가 체내의 항원이 흩어져 있는 곳에 도달하면 항원과 항체가 서로 결합하기 때문에 그곳에 자성 입자가 머물게 된다. 보통 용액 중에 있는 어떤 것은 씻어내리면 없어져버리지만 항체에 붙은 자성 입자는 항원에 꽉 붙는다. 그곳에 자장을 걸면 자성 입자는 한 방향으로 나열하게 되며 그곳에는 자석이 있는 것과 같으므로 항원이 있는 장소를 정확히 찾을 수 있다.

이 자성 입자는 태그(Tag)라 불리며 바로 자석의 존재로 꼬리표를 달아 장소를 정확히 알아내는 것이다.

(3) 나노 스케일의 바코드

나노 스케일의 바코드는 인간에게는 직접 판별되지 않는 나노 스케일의 크기로 식별 코드를 붙일 수 있다는 것이다.

라텍스(Latex)로 만들어진 캡슐 속에 반도체의 양자 도트, 즉 나

라텍스(Latex)

말레이 반도를 중심으로 재배되는 고무나무(Hevea brasiliensis) 껍질에 칼로 금을 그으면 스며나오는 끈적한 액체.

천연 라텍스는 고무 성분이 35% 정도인데, 원심분리법 · 클리닝법 · 증발법 등 여러 방법에 의해서 고무성분 함유량을 60~70%로까지 농축하고, 농축된 라텍스에 여러 약품을 가한 다음, 유리 또는 금속으로 사람의 손가락 모양으로 형틀을 만들어 라텍스에 몇 번 담갔다가 말려서 가황(加黃)하고, 형틀을 빼내면 손가락에 끼우는 얇은 색(sack)이 된다. 얼음주머니나 그 밖의 것도 같은 방법으로 제조된다.

노 스케일의 입자 몇 개를 넣어 둔다. 나노 스케일의 작은 입자는 에너지 준위의 폭에 대응하는 빛이 나오기 때문에 나노 입자는 그 크기에 따라 발광하는 색이 변화한다.

이것을 이용해서 입자가 들어 있는 캡슐에 빛을 쪼이고, 반사하여 거기서 얻어진 형광을 프리즘으로 잘 분광해 주면 캡슐 속의 양자 도트의 조성에 따른 고유의 스펙트럼이 나오기 때문에 식별할 수 있으며 바코드의 역할을 하는 것이다.

(4) 금의 미립자

DNA 칩의 검사 결과를 일목요연하게 알기 위한 방법의 하나가 금 미립자에 DNA를 붙여 두는 방법이다. 만약 금 미립자가 붙은 DNA끼리 서로 상호 보완적으로 연결된다면 서로의 금 미립자를 연결하는 것이 된다.

금은 응집하면 스펙트럼이 변하기 때문에 금 입자가 DNA를 사이에 두고 이어지면 겉보기에 색이 변해 간다. 즉, DNA 칩상에서 색이 변한다는 것은 DNA가 서로 결합한 것이 틀림 없으며, 색이 변하지 않는다면 DNA가 결합하지 않았으므로 이상이 있다는 것을 알 수 있다.

여기에 든 어느 예를 보아도, 나노미터의 입자를 잘 사용한 것들이다. DNA와 단백질 또는 항원 항체가 붙거나 붙지 않거나 하는 것, 자석 또는 빛 또는 색의 변화를 관측하는 것, 이것들이 나노바이오와 나아가서는 진단 의료에 융합되어 나아가는 것이다.

Section 5 한 분자의 관찰 및 조작

나노바이오에 있어서 가장 근본적이며 중요하다고 생각하는 것이 바이오메커니즘을 아는 것이다. DNA는 어떻게 해서 단백질을 만들고 있는 것인가? 어떤 부분은 손이 만들어지고, 어떤 부분은 눈이 만들어지는 생체 기능의 발생은 어떤 식으로 행해지고 있는 것인가? DNA의 복제 메커니즘은?

이러한 바이오 세계의 현상을 종합적으로 관찰하는 일은 그것이 없으면 의료의 진보도 있을 수 없으며 또한 순수하게 생명의 신비를 탐구하는 일면에서도 단조로움을 벗어난 흥미를 유발할 것이다.

바이오의 부품이라는 것은 정확히 나노미터이기에 그것의 관찰도 조작도 나노 테크놀로지에 의해서 이루어진다는 것은 두말할 필요도 없다.

현재, 나노 스케일의 바이오를 관찰·조작하는 일은 하나의 분자를 대상으로 하는 것이 가능하게 되었다.

생체 내부에서는 한 개의 분자가 분자 기계로서 움직이고 있으며 그것은 기능을 나타내는 최소 단위이기 때문에 하나의 분자를 관찰해서 2차원 상으로 이미지화하거나 조작하거나 하는 일은 바이오 테크놀로지에 있어서 가장 근본적인 기술이라 할 수 있다. 역시 DNA의 관찰 예로서 분자 한 개를 관찰하는 일의 중요성을 알 수 있다. DNA가 이중 나선 구조를 가지고 있는 것은 일반적으로 잘 알려져 있는 사실이지만 실제로 그 이중 나선 구조를 눈으로 확인할 수 있게 된 것은 극히 최근의 일이다. DNA의 이중 나선 모델은, 미국의 분자생물학자 James D. Watson과 영국의 생물물리학자 Francis Crick에 의해 1953년에 제창되었다. 실제로 DNA를 결정화하여 그 결정의 X선 회절(X-ray Diffraction)을 측정한 사람은 Rosalind Franklin으로 영국의 여성 생물물리학자이지만, 그 X선

제임스 왓슨

미국의 분자생물학자. 코펜하겐대학교를 거쳐 케임브리지대학교 캐번디시 연구소 연구원으로 있으면서, F. H. 크릭과 공동 연구로 DNA의 구조에 관하여 2중 나선 모델을 발표하였다(1953).
1962년 크릭, M.H.F.윌킨스와 함께 DNA의 분자구조 해명과 유전 정보 전달에 관한 연구 업적으로 노벨 생리·의학상을 수상하였다.

크릭

영국의 분자생물학자. 런던대학교를 졸업한 후 케임브리지대학교에서 물리학을 전공하였다. 1949년부터 캐번디시연구소에서 X선을 사용, 나선상 단백질 분자 구조를 연구하던 중 미국의 생물학자 왓슨과 킹스 칼리지의 윌킨스의 협력을 얻어 1953년 DNA의 2중 나선 구조를 발표하였다. 이 연구는 많은 학자들에 의해 확인됨으로써, 1962년 왓슨, 윌킨스와 함께 노벨 생리·의학상을 받았다.

회절에 의해 얻어진 상으로부터 Watson과 Crick이 이중 나선 구조를 깨닫아 양철로 그 모델을 짜맞추어 그것을 제창하였다. 이것에 의해 분자생물학이라는 학문 분야의 문이 처음으로 열렸다고 해도 과언이 아니지만, 그 기초가 되는 중요한 이중 나선을 그 후 실제 육안으로 봤다는 사람은 없었다. 1980년대에 전자 현미경으로 그러한 모양이 보였다는 발표가 두세 건 있었지만, 그 후 보고가 연속적으로 이어지지 않고 정체되어 있었으나, 최근에 들어서야 주사형 터널링 현미경(STM ; Scanning Tunneling Microscope)을 사용하여, 그 이중 나선 구조를 확실히 눈으로 보는 것이 가능하게 된 것이다.

그림 5-9가 주사형 터널링 현미경에 의한 DNA의 화상이다. 확실히 2가닥의 사슬이 서로 꼬여 있는 것을 알 수 있다. 한층 더 현미경의 분해능 향상에 의해, 사슬의 외측에 있는 당(S)과 인산(P) 분자까지 관측할 수 있게 되어 이중 나선뿐만 아니라 DNA의 염기가 짝으로 되어 있는 모양도 볼 수 있게 되었다. 염기가 짝을 이루고 있다는 사실은 바로 유전 그 자체라고 할 수 있으며, 그림으로

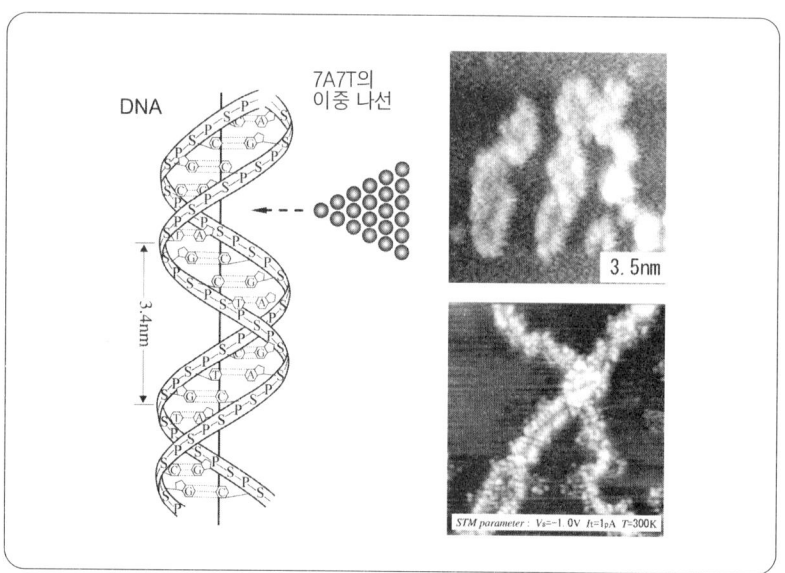

그림 5-9
DNA의 주사 터널 현미경 상
(H. Tanaka, C. Hamai, T. Kanno and T. Kawai : Surface Science 432(1999) L611-L616 田中裕行, 川合知二 : 生物物理 231 (2000) 336-340에서)

부터 DNA의 2가닥 사슬을 형성하고 있는 하나하나의 분자가 마주보며 쌍을 이루고 있는 것을 알 수 있다. 그림 5-10은 독자 복제 증식이 가능한 플라스미드(Plasmid) DNA로서 대장균 등이 가지는 자발 증식하는 고리 모양 DNA로, 일부분을 다른 부분에서 가지고온 DNA로 바꾸어 주면 바꾸어진 DNA가 증식하므로 종래의 바이오 테크놀로지에서는 유전자의 재편성 또는 약의 합성에 사용되고 있는 것이다. 이러한 유전자를 증식해 가는 동적인 과정도 관찰할 수 있다. 다음으로 한 개 분자의 조작을 살펴보려 한다. DNA의 조작에 관하여 말하자면 필요한 부분만을 절단해 내어 그 조각을 증폭시키거나 특정 길이 또는 단 하나의 염기를 바꾸는 것으로 정상의 DNA로 바꾸는 것이 나노 테크놀로지로써 이루어질 가능성이 있다.

현재, 행하여지고 있는 DNA의 사슬을 절단하는 방법에는 제한 효소(Restriction Enzyme)가 있다. 제한 효소는 특정한 염기 배열을 식별하여 그 장소에 꼭 맞게 들어 붙어, 2가닥의 사슬을 가수 분해하는 효소이다. 원자력 현미경(AFM)으로 DNA를 영상화하

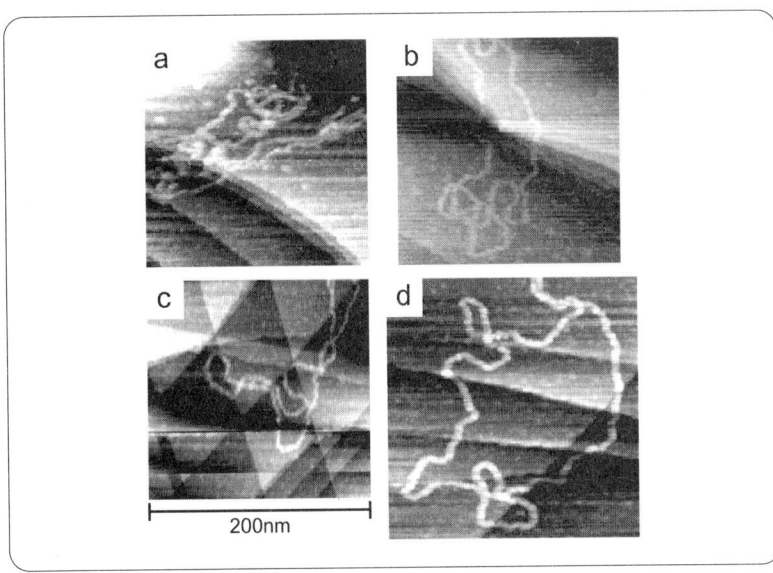

그림 5-10
플라스미드 DNA
(H. Tanaka, C. Hamai, T. Kanno and T. Kawai : Surface Science 432 (1999) L611-L616 田中裕行, 川合 知二 : 生物物理 231 (2000) 336-340에서)

여, 제한 효소의 어디부터 어디까지의 거리를 절단하는지 표식을 붙여 두어 그곳에 ATP(아데노신삼인산, Adenosine Triphosphate) 분자를 붙인 원자력 현미경의 탐침을 접근시키면 닿는 순간에 사슬이 절단된다(그림 5-11).

그리고 절단한 후에 그 자른 DNA의 일부분을 현미경의 프로브(Probe)로 들어 올려 PCR이라는 증폭기에 넣어 2배, 4배로 증가시켜 갈 수 있다.

또는, 2개의 매우 짧은 DNA의 조각을 고체 표면에 올려 두고 한 쪽의 조각을 현미경의 침으로 눌러 두고, 또 다른 한 쪽의 조각을 접근시켜 가면, 만약 시료의 조각이 반응하는 것이라면, 2개가 이어

그림 5-11
원자력 현미경의 탐침에 의한 DNA의 절단

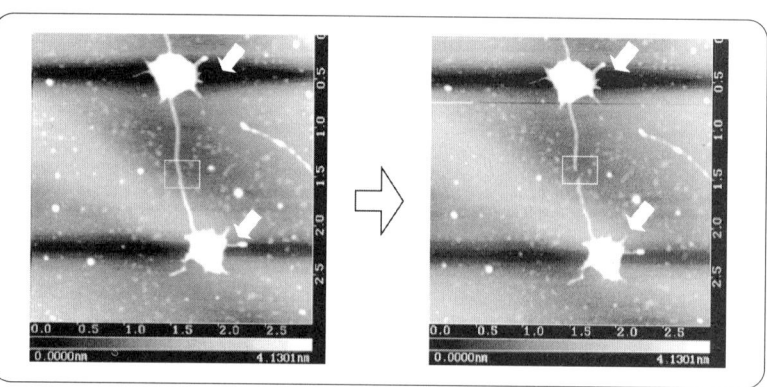

그림 5-12
DNA를 침 끝으로 움직인다.
(H.Tanaka and T. Kawai : J. Vac. Technol. B 15 (1997) 602–604에서)

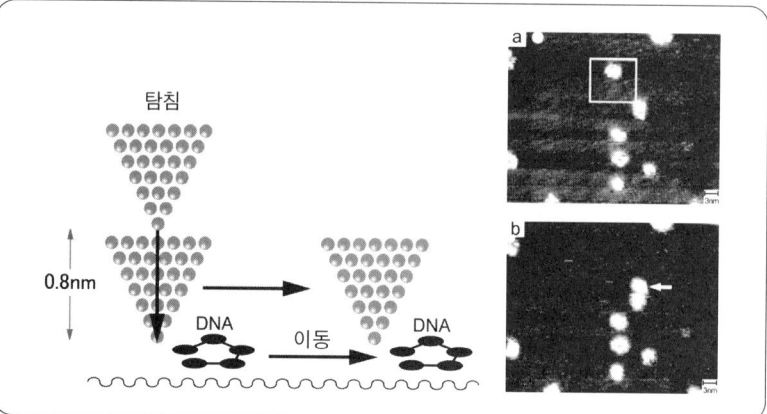

지는 분자 조작도 가능하다(그림 5-12).

이 분자 조작 기술이 발전하면 현미경 칩을 이용하여 한 개의 염기를 떼내어 그곳에 다른 염기를 넣는 것도 가능하리라 생각된다. 단 하나의 염기를 바꾸는 것으로도 혈액형은 A형에서 B형으로 변하기에 이것은 매우 중요한 기술이다. 그렇게 하여 한 개만의 염기를 바꾼 DNA를 PCR로 증폭시키면 즉시 수십억 배 정도로 늘리는 것이 가능하다.

이처럼 관찰하는 것뿐만 아니라 분자를 자르고 붙이는 조작 기술이 이후의 바이오 나노 테크놀로지를 전개시켜 나갈 것이다.

플라스미드(plasmid)

세균의 세포 내에 염색체와는 별개로 존재하면서 독자적으로 증식할 수 있는 DNA의 고리 모양인 유전자.

플라스미드에는 약제에 대한 저항성을 가진 내성 인자(R 인자), 세균의 자웅을 결정하는 성결정 인자(F 인자) 등이 발견되고 있다. 세균의 생존에 플라스미드의 존재가 필수적인 것이 아니며, 또 플라스미드는 다른 종의 세포 내에도 전달된다.

근래 플라스미드는 그 특성을 이용해서 유전자 공학에 이용될 가능성이 있어서 크게 주목되고 있다.

세균 내의 플라스미드를 세포 밖으로 빼내고 제한 효소(制限酵素)로 고리를 끊은 뒤, 가령 사람의 인슐린을 만드는 데 관여하는 DNA 조각을 이에 끼워 맞춰 다시 세균의 세포 내로 돌려보내 넣어주면 이종(異種)의

DNA 조각을 가진 잡종 플라스미드는 정상적으로 증식하고 세균이 분열할 때마다 인슐린을 생성하게 된다. 이와 같이 플라스미드에 끼워 맞출 수 있는 DNA는 그 근본이 고등 생물인 진핵 세포(眞核細胞)의 것으로도 가능하기 때문에 사람이 생성하는 인슐린·인터페론·생장 호르몬 등을 합성하는 데 책임이 있는 DNA를 이용해서 잡종 플라스미드를 만들 수가 있다.

이와 같은 과정을 유전자 재조합(遺傳子再組合) DNA라고 한다.

Section 6 병원체의 규명

알츠하이머병이나 광우병과 같은 병의 발병 메커니즘을 해명하는 것도 바이오 나노 테크놀로지의 중요한 방향의 하나이다. 발병 메커니즘을 알 수 있으면 새로운 약을 개발할 수 있는 가능성이 높아진다. 이처럼 나노 스케일을 눈으로 관찰하는 나노 테크놀로지를 통해 아직 극복되지 않은 병의 예방법 또는 치료법이 발견될 것이다.

2001년 9월, 일본에서도 광우병이 발병된 소가 발견되어 세간을 동요시켰다. 광우병은 뇌가 스폰지처럼 되어 죽음에 이르는 병이지만 유감스럽게도 지금까지 그 치료법은 발견되지 않았다. 그렇지만 나노 테크놀로지의 관찰 기술에 의해 이른바 노인의 망령을 일으키는 알츠하이머병(퇴행성 뇌질환)과 광우병은 같은 발병 메커니즘을 가진 병이라고 생각할 수 있게 되었다.

이러한 병원체의 메커니즘을 해명하는 것도 이후의 바이오 나오 테크놀로지의 중요한 방향의 하나이다. 알츠하이머병은 Amyloid Fibrile이라는 섬유 상태의 침착물이 뇌에 축적되어 일어난다고 한다. 마찬가지로 광우병도 프리온(Prion)이라는 감염성의 단백질이 섬유 상태로 축적하게 된다.

스폰지 형태가 된다는 것은 그것이 뇌에 축적하여 세포를 파괴하고 조직에 구멍을 형성한 것으로 소의 광우병, 사람의 크로이츠펠트-야코브병, 염소와 양의 스크래피라는 병을 나타낸다.

한국에서는 그다지 알려져 있지 않지만, 비슷한 병으로 장기간의 인공 투석 환자에게서 보이는 수근관 증후군이 있다. 이것은 β2-M이라는 단백질의 Amyloid Fibrile에 의해 발생된다(그림 5-13). 우리들이 신장을 통해 보통 처리하고 있는 이런 단백질을 인공 투석으로는 배출할 수 없어 손목 또는 손가락 마디에 축적되어 아픔을 동반한다. 단단하게 침처럼 된 단백질은 10nm 정도의 폭밖에 되지 않지만, 이런 나노 스케일의 단백질도 화상으로서 눈으로 볼 수 있게 되었다. 그것으로 알게 된 것은 섬유상의 단백질이 체내에 들어오면 그것이 핵이 되어 본래 동그란 상태의 정상적인 단백질까지도 차차 변형되어 섬유상으로 늘어나게 되는 메커니즘이다. 메커니즘을 알 수 있으면, 다음은 그 치료법으로서 DMSO(Dimethyle

Sulfoxide)라는 분자에 의해 단단한 침 모양의 것이 부드럽게 되는 것이 알려져서 새로운 약이 개발될 가능성이 있다. 이처럼 나노 스케일을 눈으로 관찰하는 나노 테크놀로지를 통해 아직 극복되지 않은 병의 예방법 또는 치료법이 발견될 것이다.

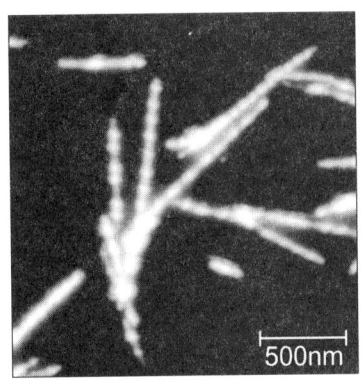

그림 5-13
β2-M 아미로이드 피브릴

프리온(Prion)

단백질(Protein)과 비리온(Virion : 바이러스 입자)의 합성어로, 바이러스처럼 전염력을 가진 단백질 입자라는 뜻이다. 미국 캘리포니아 대학교의 스탠리 프루시너(Stanley B. Prusiner)가 프리온이 광우병뿐 아니라 알츠하이머병 등에서 주요한 역할을 한다는 것을 밝혀냈고, 이 공로로 1997년 노벨 생리 · 의학상을 받았다.

프리온은 이제까지 알려진 박테리아나 바이러스 · 곰팡이 · 기생충 등과는 전혀 다른 종류의 질병 감염인자로, 보통의 바이러스보다 훨씬 작으며 사람을 포함해 동물에 감염되면 뇌에 스펀지처럼 구멍이 뚫려 신경 세포가 죽음으로써 해당되는 뇌 기능을 잃게 된다.

보통 생물체는 세포의 핵산(DNA · RNA)에서 단백질을 합성, 자기 증식을 통해 번식해 나가며 각종 병원체도 이런 증식 과정을 거쳐 병을 일으키는 데 비하여 프리온은 DNA나 RNA와 같은 핵산이 없이 감염성 질

환을 일으키는 것이 특징이다. 프리온의 증식 과정은 아직 정확히 밝혀지지 않았다.

1982년 프루시너는 감염성이 있는 단백질에 '프리온'이라는 이름을 붙이고, 이것이 비정상적인 형태로 바뀌면 신경 세포를 죽이는 형태의 질병을 일으킬 수 있다고 주장하였다. 그러나 당시 학계에서는 생명체의 감염 이론에 배치되는 이론이라 하여 인정하지 않았다. 그러던 중 1980년대 중반 영국에서 소의 광우병과 비슷한 증상을 보이는 인간 광우병(vCJD) 환자가 발생하면서부터 그의 이론이 주목받기 시작했다.

프리온은 정상적인 상태에서는 뇌세포의 활동에 중요한 역할을 수행하는 것으로 알려져 있으나, 자체 구조를 고도로 안정적인 구조로 변형시키는 성질이 있어 이런 변형이 일어날 경우 뇌에 치명적인 분자를 만드는 것으로 추정되고 있다.

Section 7 방사광에 의한 구조 해석

방사광 가속기

싱크로트론 방사광이라고도 한다. 입자 가속기에서 에니지 손실의 주요 원인으로서 초기에는 입자 가속을 방해하는 존재로만 인식되었으나, 전자기파로서의 성질이 순수 과학과 응용 기술 분야에 매우 유용함이 인식되면서 1970년대 이후에는 싱크로트론 방사광을 이용하기 위한 가속기가 전 세계적으로 건설되기 시작하였다. 우리나라에도 포항공대에 포항 방사광 가속기가 1991년 착공되어 94년 말부터 시험 가동에 들어가 현재 17기의 빔라인이 가동중에 있다.

싱크로트론 복사(輻射)의 성질은 상대론적인 전자기파 발생 이론으로서 정확히 이해될 수 있는데, 1940년대에 이바넨코와 슈윙거 등의 연구로 밝혀졌다.

방사된 고에너지의 전자에 자장을 가해 주는 것으로, 원의 궤도를 그리게 하면 그 전자의 궤도가 급격히 휘어질 때에 매우 가늘고 강력한 빛을 이끌어 낼 수 있다. 이 빛이 3장에서 언급한 방사광(Photon Radiation)으로, 광속에 가까운 속도까지 가속하여 얻어진 이것이 나노 바이오 구조 해석의 결정적인 무기가 되고 있다.

일본에는 SPring-8이라는 방사광 시설이 있으며 그 전자가 그리는 원주는 약 1.4km이며 세계에서도 최대급의 방사광 시설이다.

우선, 나노미터 스케일의 단백질 결정을 만들어 그것에 방사광을 쪼여서 얻어진 데이터를 자동적으로 분석하면 어디에 어떤 원자가 있는가를 전부 알 수 있으므로 방사광에 의한 해석은 단백질의 구조를 알기 위해 매우 효과적이다. 그것에 의해 알아낸 단백질의 형태로부터 상호 작용도 유추할 수 있으며 실제로 상호 작용하는 단백질 간에 복합체를 만들어 그것을 해석할 수도 있다.

이 방사광을 이용한 해석은 주사 탐침 현미경에 의한 관찰 및 조작과 연계하여 나노 테크놀로지에 활용되고 있다. 방사광에 의한 해석은 나노 물질의 구조를 알기 위한 결정적인 방법이지만, 시료에 빛을 쪼였을 때 회절 현상을 조사하는 방법이므로 빛을 회절시키기 위해 시료를 반드시 결정으로 만들어야 한다. 결정으로 만들면 실제로 살아 있는 단백질과는 다른 것이 되어버린다. 그래서 주사 탐침 현미경에 의해서 살아 있는 단백질 한 분자의 모양을 관찰하는 것과 함께 방사선에 의한 여러 가지 영향력 측정과 해석을 동시에 행하는 것으로 나노 물질 구조의 해명이 진전되는 것이다. 방사광과 주사 탐침 현미경이라는 2개의 강력한 무기에 의해 DNA와 단백질의 움직임이 급속히 해명되고 있는 현 상황에서 앞으로도 그 해석이 바이오 나노 테크놀로지를 발전시켜 갈 것은 틀림 없다.

CHAPTER

6

에너지와 환경 분야의
나노 테크놀로지

Section 1 광합성계는 완벽한 에너지 변환 시스템

인간은 편리성을 추구하여 과학 기술을 발전시키는 대가로 지구 환경을 오염시키고 파괴해 왔다. 더 이상의 환경 파괴는 인류의 존재까지도 위협하는 것으로 경종을 울리고 있다. 또, 에너지라는 관점에서는 주로 에너지 자원으로 사용되어온 석유는 매장량에 한계가 있어 자원적 제약과 연료의 사용으로 인한 이산화탄소와 대기 오염 물질이 배출되는 환경 보전 측면의 문제점이 있다.

이와 같은 이유로 기술이 환경과 조화를 이루는 것과, 태양 빛 또는 물과 같이 청결하고 재생 가능한 자연 친화적 에너지를 실제 사용 가능한 에너지원으로 변환해서 효율 높게 사용할 수 있도록 하는 것이 필요하다.

이러한 환경과 에너지 분야의 문제를 해결하는 것도 나노 테크놀로지가 중심적 기술이 된다.

Bottom-up의 나노 테크놀로지는 프로그램에 따라 원자·분자를 배열하여 이상적인 물질을 만들어 가는 기술이며 그 지침서가 되는 것이 생체인 것은 지금까지도 누차 언급해 왔다.

에너지와 환경에 관한 기술에 대해서도 생체 기능의 메커니즘이 가장 이상적인 형태로 영입되고 있다.

지구 환경은 긴 세월을 지나면서 에너지 순환 주기와 생물의 순환 주기 그리고 화학 물질의 순환 주기 등 여러 가지 닫힌 순환계로 잘 구성되어 있다. 프로그램에 의해 원자·분자를 조합하여 형성되어 있는 생태계는 그러한 환경과 가장 잘 조화하는 형태로 되어 있다.

에너지 변환이라는 관점에서 가장 이상적인 것은 식물의 광합성이다. 식물은 태양 빛을 광합성계에서 받아 그 빛 에너지를 일단 전기적인 에너지로 변환하며, 그것을 다시 화학 에너지로 변환하는 2단계의 과정을 거쳐서 일부분은 식물 자신의 에너지가 되는 탄수화물을 만들고 다른 한편으로는 우리들이 필요한 산소를 만든다. 이 2단계의 프로세스에 의해 태양 에너지는 화학적으로 안정한 에너지로 변환되며 각 단계에서의 변환 효율은 거의 100%에 가깝다. 뒷부분에서 설명하게 될 인간이 인위적으로 만든 태양 전지 시스템의 경우는 현재 기술로 에너지 변환 효율이 최대 30%도 안되는 것을 생각하면 생태계의 위대함을 새삼 느낀다. 식물의 광합성계는 나노 테크놀로지의 완벽한 형태이다. 광합성계의 에너지 변환 시스템을 상세하게 살펴보면 그것이 얼마나 잘 만들어져 있는지를 알 수 있다.

우리들의 나노 테크놀로지의 이상형이라는 의미에서 그림 6-1에 독자 여러분의 시선을 한 번 더 집중하길 바란다.

그림의 세로축은 에너지 레벨(에너지 준위), 가로축은 각 물질로 나열되어 있다. 우선, 포르피린(Porphyrin)이라는 매우 안정한 네잎 클로버 모양을 한 분자인 엽록소(Chlorophyll)가 빛을 흡수하는 역할을 하고 있다. 이 효율 좋게 태양 에너지를 흡수하는 분자에 의해 전자의 에너지 준위가 밑에서 위로 올라간다(Photosystem II). 그러면 밑에 플러스 전하라 볼 수 있는 전자의 홀(Hole)이 남는다. 전자 홀은 옆에 있는 망간(Mn)으로 이동하고 망간은 전자 홀을 가지게 되므로 옆에 있는 물에서 마이너스 전하를 가진 전자를 받는다. 물은 전자를 빼앗기면 물의 전기 분해 원리로 수소와 산소로 분해되며 산소가 발생한다.

많은 생물은 이렇게 해서 식물이 만든 산소를 호흡하고 있기 때문에 만약 식물의 광합성 시스템이 없어진다면 환경 문제를 논하는 차원의 문제가 아니다.

광합성계가 매우 잘 조직화되어 있다는 것은 에너지 변환이 2단계를 거쳐 이루어진다는 점이다. 전자의 홀이 산소를 발생시키는 한편, 에너지 준위가 올라간 전자는 여러 가지 종류의 분자에 의해 전자가 전달되는 전자 전달계라는 경로를 거쳐 에너지가 계단을 내려가듯 점점 내려간다. 그렇게 해서 에너지를 낮추었을 때 다시 한번 빛을 흡수해 위로 올라간다(Photosystem I). 즉, 2단계로 빛을 흡수하며 2단계로 점프한다. 그렇게 하여 에너지는 매우 높은 상태

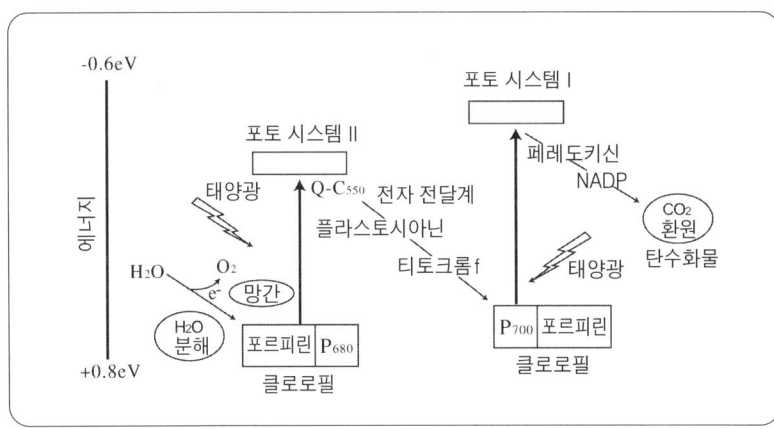

그림 6-1
광합성계

가 되며 2단계로 점프한 전자가 탄산가스(CO_2)에 의해 고정화되어 식물 자신의 에너지가 되는 탄수화물을 만들 수 있게 된다.

이것은 매우 우수한 분자 나노 테크놀로지이다. 빛을 흡수하는 분자가 가지런히 나열되고 바로 옆에 망간 금속 착물(錯物)이 놓여져 그곳에서 산소가 발생하며, 그리고 준위가 올라간 전자 옆에는 전자를 조금씩 받기 쉬운 분자가 상당수 나열하여 대부분의 에너지를 낭비하는 일 없이 전달하여 탄수화물을 얻는 매우 치밀하게 조직화된 시스템이며, 더구나 그것이 상온에서 행하여지고 있는 것이다.

냉정하게 생각하면 현재의 인공적인 기술로는 이것만큼 낮은 온도에서 합성하는 것도, 치밀하게 분자를 나열해 가는 것도 불가능하다. 광합성은 어떤 단계의 과정에서도 100%에 가까운 에너지 변환 효율로 이루어지는 엄청난 나노 테크놀로지이다. 그런 의미로 환경·에너지라는 것을 생각할 때의 나노 테크놀로지는 식물의 광합성 시스템을 이해하고 그 굉장함을 아는 것이 출발점이 된다.

 ### 광합성(光合成, Photosynthesis)

광합성은 매우 복잡한 과정을 거쳐서 일어나며, 최근에 이르러 그 중간 대사 과정이 상세히 밝혀졌다. 즉, 고등 식물·양치 식물·조류(藻類) 등의 녹색 식물이나 광합성 세균이 빛에너지를 이용하여 이산화탄소를 고정하고, 당류 등의 유기물을 합성하는 탄산 고정의 한 형식이며, 이때 산소를 방출시킨다.

에너지적으로 생각하면, 광합성은 태양의 복사 에너지를 유기물인 화학 에너지로 바꾸어서 저장하는 현상이다. 식물은 광합성으로 얻어진 유기물의 화학 에너지를 생장 등 생명 현상의 영위에 사용하지만, 식물을 먹는 동물이나 동식물에 기생하는 미생물 등은 화학 합성을 하고 있는 약간의 생물을 예외로 하고는 그 생존을 위한 에너지를 광합성에 의존하고 있다.

1771년 여러 기체가 발견되었을 무렵, 영국의 J. 프리스틀리는 밀폐한 용기 안에 식물과 동물을 함께 넣어 두면 생존하지만, 식물 또는 동물을 단독으로 넣으면 생존하지 못한다는 것을 발견하고, 식물은 동물에 의해 오염된 공기 속에서 잘 자라고 오염된 공기를 맑은 공기로 바꿀 수 있다고 추론하였다.

1779년 네덜란드의 J. 잉겐호우스는 식물의 작용에 빛이 중요하다는 것을 알아냈고, 1782년 스위스의 제네비어는 이산화탄소의 필요성을 밝혔다.

19세기~20세기에 걸쳐서 광합성의 현상론적인 면에서의 연구가 진행되었으나, 그 구조에 대한 생화학적·생물물리학적 이론이 급속히 나오게 된 것은 20세기 후반의 일이다.

Section 2 수소 에너지 시스템

수소는 산소와 반응해서 에너지를 생산하면서 부수적으로 물밖에 만들지 않을 뿐만 아니라 그 물은 전기 분해하면 다시 수소를 얻을 수 있는 것으로 청정 생산이며 끝없는 궁극의 에너지원이다.

그 수소 에너지를 이용하기 위해서는 3가지 기술 단계가 있다. 우선, 1. 연료로서의 수소를 발생시키는 것, 2. 그 수소를 저장해 주는 것, 그리고 3. 전지로서 수소 에너지를 사용할 수 있도록 하는 것이다.

(1) 수소 연료

우선은 수소 연료를 만드는 방법으로써 식물의 광합성계를 응용한 기술이 고려되고 있다. 광합성계에서는 에너지 준위가 올라간 전자를 이산화탄소에게 주어 탄수화물이 만들어지지만 그 전자를 이산화탄소에 전달하는 대신에 물에 전달하는 것이 가능하면 거기서 수소가 발생하게 되며, 빛 에너지를 변환해서 수소 연료를 만들 수 있게 된다. 즉, 어떠한 방법에 의해 전자를 물에 전달할 수 있으면 되는 것이다. 식물의 광합성계를 직접적으로 이용해서 인공적으로 수소를 발생시키는 방법에는 2가지가 있다. 에너지 준위가 올라간 전자를 물에 전달하여 수소를 생성하는 방법이 생태계의 세계에서 일어나고 있는지를 찾아보면 어떤 종류의 해조류에서 이루어지고 있다. 그래서 이 해조류의 메커니즘을 똑같이 그대로 이용해서 해조류가 수소를 발생시키는 부분을 유전자 공학으로 개량하여 수소의 발생 효율을 올리는 것이 한 가지 방법이다. 또 한 가지는 식물의 광합성계에 인위적으로 백금 등의 촉매를 넣어 수소를 발생시키는 방법이 있다. 전자의 통로를 바이오 테크놀로지로 만드는 것

식물의 광합성계를 직접적으로 이용해서 인공적으로 수소를 발생시키는 방법에는 에너지 준위가 올라간 전자를 물에 전달하여 수소를 생성하는 방법과 식물의 광합성계에 인위적으로 백금 등의 촉매를 넣어 수소를 발생시키는 방법이 있다.

2가지 방법 모두 자연 환경을 지켜가면서 그 순환 사이클 중에서 수소를 발생시킨다는 생각에 입각하고 있으며, 향후 중요한 기술이 될 것이다.

과, 인공적으로 촉매를 넣는 2가지 방법 모두 자연 환경을 지켜가면서 그 순환 사이클 중에서 수소를 발생시킨다는 생각에 입각하고 있으며 나노 테크놀로지의 수소 연료를 만드는 방법으로서 향후 중요한 기술이 될 것이다.

후자의 촉매를 사용해 빛 에너지를 화학 에너지로 변환한다는 것은 광 촉매라는 기술이다. 광 촉매는 빛을 흡수해서 생기는 전자 또는 전자의 홀을 촉매에 의해 산화 환원을 일으켜 여러 가지 반응이 일어나도록 하는 것으로 빛 에너지를 변환할 수 있다.

예를 들어, 산화티탄(TiO_2)에 빛을 쪼여 전자의 에너지 준위를 위로 올리는 과정에서 백금 등의 촉매를 놓아 두면 전자가 물로 이동해 산화 환원 반응으로 수소가 발생한다(그림 6-2). 결국, 인공적으로 빛 에너지 변환을 일으키는 광 촉매 기술은 자연계의 광합성계의 시스템과 매우 비슷하지만 광합성계에서는 2단계로 에너지 변환이 이루어지는 것을 광 촉매로는 바로 한 단계로 이루어진다. 이 광 촉매는 뒤에서 설명할 환경 정화 시스템에도 관계된다.

(2) 수소의 저장

수소를 저장하기 위해서는 수소와 친화성이 있는 수소, 마그네슘, 망간 등의 수소 저장 합금이 사용되며, 실리카와 알루미나로부터 만들어진 제올라이트나 탄소 나노 튜브 등도 새로운 재료로 주목받고 있다.

수소 에너지를 이용하기 위한 2번째 단계로 수소를 저장할 수 있도록 해야 한다. 수소를 저장하기 위해서는 수소와 친화성이 있는 니켈(Ni)과 마그네슘(Mg), 망간(Mn) 등의 합금이 사용되며, 그러한 수소를 저장할 수 있는 합금을 수소 저장 합금(Metallic Alloy for Hydrogen Storage)이라 한다. 이외에도 실리카와 알루미나로부터 만들어진 분자체(분자 필터, Molecular Seive)라는 바구니와 같은 구조를 가진 제올라이트 등도 사용되고 있다. 그 중에서 새로운 수소 저장을 위한 재료로서 주목받고 있는 것이 바로 탄소 나노 튜브이다. 탄소 나노 튜브는 그 벽과 끝 부분에 꽤 많은 양의 수소를 저장할 수 있다. 최근의 연구에서 알게 된 것은 탄소 나노 튜브는 관 모양 구조에 의해 수소가 저장되기 쉬운 것이 아니라, 실은

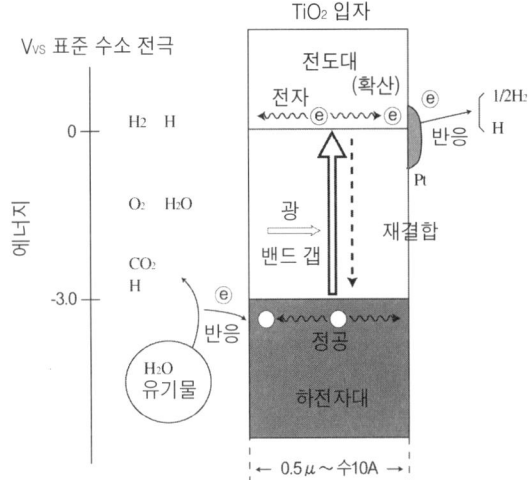

그림 6-2
광 촉매

(a) 반도체 미립자 수용액 중에서의 에너지 다이어그램
(산성 수용액 pH=0, TiO_2 입자의 예) 및 광 조사에 의한 물과 유기물에서의
수소 발생 광 촉매 반응 스키마
광에 의해 생성된 전자 · 정공이 확산 표면에서 반응을 일으킨다. 입자의
실제 모습은 (b)에 나타내었다.

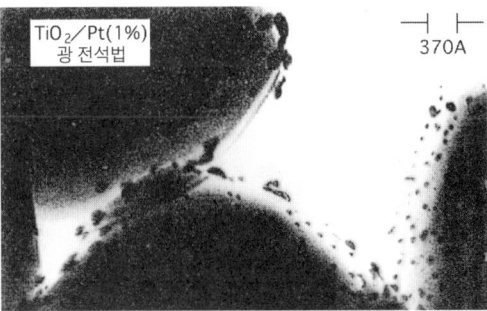

**(b) 백금이 표면에 고도로 분산된 상태로 있는 TiO_2 광 촉매 입자의 고분해능
전자 현미경 사진**
TiO_2 광 촉매 입자의 고분해능 전자 현미경 사진. 큰 입자가 0.5μm 정도의
TiO_2, 검은 반점이 Pt(지름 10~100Å인 것이 많다.)

나노 크기의 탄소계 재료라면 뭐든지 수소를 저장하기 쉽다는 것이다. 예전부터 자주 사용되고 있는 야자 활성탄과 냉장고의 방취제 등도 탄소의 표면적을 늘리기 위해서 나노 스케일의 미립자로 사용되고 있으며 그 표면에 여러 가지 것을 흡착시켜 가는 구조로 되어 있다.

(3) 연료 전지(Fuel Cell)

수소와 메탄올로 연료 전지를 만들면 수소도 산소도 결국 물이 되며 물을 전기 분해하면 다시 물에서 수소와 산소가 만들어지기 때문에 영원히 무한한 에너지 순환 시스템이 가능하다.

수소를 발생시키고, 저장할 수 있게 된 다음에는 저장한 수소로부터 에너지를 만드는 구조를 만들어야 한다. 차세대 연료 시스템으로 개발이 진행되고 있는 것이 연료 전지이다. 유해한 배기가스와 이산화탄소를 거의 발생시키지 않는 연료 전지 자동차는 근일간에 실용화될 전망이며 일반 주택의 전원으로서도 연료 전지의 도입이 고려되고 있다. 연료 전지의 원리는 양극에서 공기와 산소를, 음극에서 수소와 메탄올 또는 가솔린 등의 탄화수소를 반응시키는 것, 즉 연소시켜버리는 것이다. 물질을 태우면 열이 나오지만 연료 전지는 열 에너지가 아니라 전기 에너지를 만드는 것으로서, 산소를 환원해서 물로 돌아가는 한편 수소 등의 연료를 산화하여 전기의 흐름을 만들어 전지가 된다.

이때 가장 이상적인 연료가 되는 것은 수소와 메탄올이다. 이것으로 연료 전지를 만들면 수소도 산소도 결국 물이 되며 물을 전기 분해하면 다시 물에서 수소와 산소가 만들어지기 때문에 영원히 무한한 에너지 순환 시스템이 가능하게 된다. 더욱이 원료가 되는 물은 무해하며 그 양 또한 무한하기 때문에 지구 환경에 있어서도 그 이상 이상적인 에너지 시스템은 없다.

Section 3 태양 전지

자연계의 광합성계라는 에너지 시스템을 완전히 인공적으로 재현한다는 생각을 바탕으로 개발되고 있는 것이 태양 전지(Solar Cell)이다. 실리콘으로 만들어지는 태양 전지는, 플러스 전하로 간주되는 전자 홀이 전도하는 p형 실리콘과 마이너스 전하인 전자가 전도하는 n형의 실리콘이 합쳐진 pn 접합 반도체로 빛을 흡수한다. 빛을 흡수해 에너지 준위가 올라간 전자는 마이너스 전하를 띠기 때문에 플러스 전극 쪽에 모이며 반대로 전자 홀은 마이너스 전극 쪽으로 모인다. 그래서 그 양 전극 끝에서 기전력이 발생되는 것이 태양 전지의 메커니즘이다. 식물의 광합성계와 매우 비슷한 시스템으로 되어 있지만, 현재의 태양 전지는 식물의 광합성계와 비교하면 미약한 기술에 지나지 않는다. 그 에너지 변환 효율은 겨우 20% 정도로 100%에 가깝게 에너지 변환을 하는 광합성계에는 훨씬 못 미친다. 그래서 나노 테크놀로지에 의한 태양 전지의 효율 향상이 고려되고 있다(그림 6-3).

효율을 높이기 위한 한 가지 방법으로써 태양 빛을 받을 때에 반사되어 버리는 빛을 최소한으로 줄이는 방법이 있다. 이것은 빛을 받는 부분에 나노 스케일의 울퉁불퉁한 요철 구조를 만드는 것으로

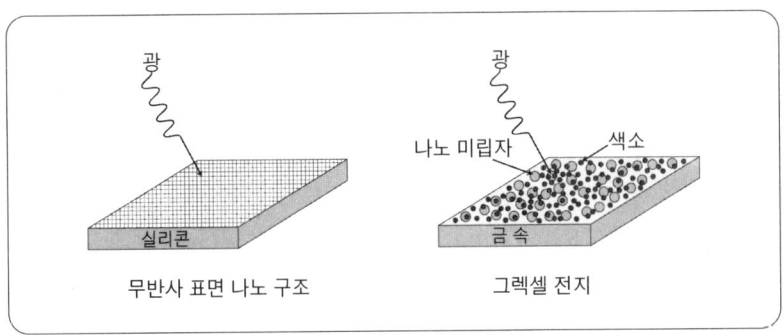

그림 6-3
표면에 나노 구조를 만든 태양 전지(좌)와 색소 증감형 태양 전지(우)

반사하는 빛을 억제할 수 있다. 태양 빛의 파장은 약 500nm이며 그 절반 정도인 200~300nm의 요철이 있는 나노 구조의 재료를 사용하면 반사된 빛을 다시 다른 부분에서 흡수할 수 있어 빛의 흡수되는 비율이 높아진다.

나노 구조를 사용한 형태의 태양 전지 이외에는 색소 증감형 태양 전지라는 것이 새롭게 등장하였다. 그 메커니즘은 우선 금속 위에 산화티탄(TiO_2) 등의 매우 작은 나노 미립자를 두고 그곳에 색소를 붙인다. 그렇게 해서 산화티탄만 있으면 자외선밖에 흡수하지 않던 것이 색소 분자는 태양 빛을 받아 전자의 에너지 준위를 위로 올린다(그림 6-4). 여기에 사용되는 산화티탄은 매우 작은 미립자이기 때문에 색소가 빛을 받아 여기(勵起)되어 전자가 매우 효율 좋게 산화티탄 속으로 들어가서 이것이 전류로 변환된다. 이것이 스위스의 Michael Graetzel 박사가 제안한 색소 증감형 태양 전지이다. 이 태양 전지에 의해 30%에 가까운 에너지 변환이 보고되고 있다.

그림 6-4
색소 증감형 태양 전지의 원리 – 반도체 전극(n형, 애노드 분극)에 의한 색소 증감 광 전류의 발생 구조

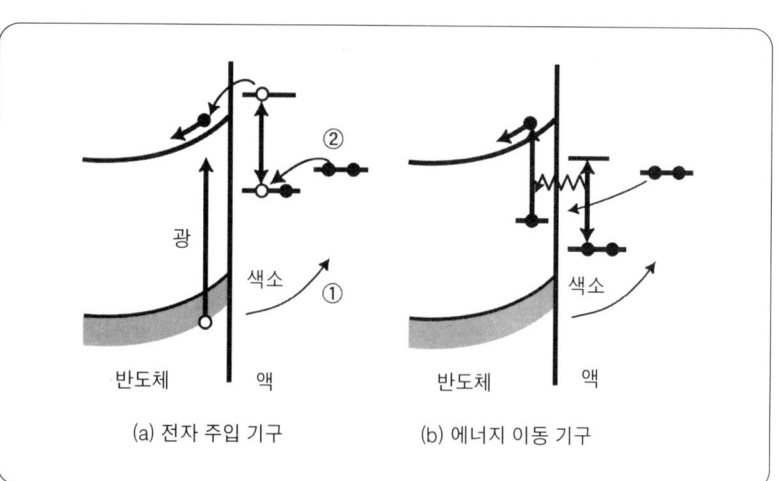

(a) 전자 주입 기구   (b) 에너지 이동 기구

Section 4 리튬 전지

 노트북과 핸드폰 등의 전자 기기에 필수적으로 사용되고 있는 리튬 전지 등의 휴대 가능한 전원도 에너지에 관한 기술 중의 하나이지만 나노 테크놀로지는 이러한 전지에도 매우 유효한 기술이 된다. 리튬 전지의 에너지를 만들어 내는 메커니즘은 한쪽 전극에서 리튬으로부터 전자를 빼앗아 이온 상태로 만들어서 그 리튬 이온을 반대의 전극에 보내어 전자를 다시 붙이는 것이며 그 양극에서 만들어지는 에너지를 이용해서 전지로 이용하고 있다.

 이와 같이 양극과 음극 양쪽 모두에서 전자가 들어가고 나오므로 장시간 사용하게 되면 전극의 표면은 손상되어 약해지며, 이것을 피하기 위해 나노 테크놀로지가 사용되고 있다.

 전자가 전극에서 나오거나 들어가거나 할 때에는 응력이라는 힘이 걸린다. 전극이 빈틈없이 꽉 짜여진 커다란 입자로 만들어져 있으면 응력은 전극에 계속적으로 무리를 가하며, 그 응력을 전극이 흡수할 수 없기 때문에 빵가루와 같이 손상되는 것에 의해 그 응력을 해소하려고 한다. 이렇게 되면 시간이 흐름에 따라 기전력(전류를 통하게 하는 원동력)은 점점 떨어진다. 그렇지만 리튬 전지의 전극 표면을 나노 스케일로 가공하면 구조가 작기 때문에 응력이 걸려도 한쪽이 억눌려지면 반대편이 늘어나는 식으로 뒤틀림에 의해 응력을 흡수하고 모양이 가지런해진다. 즉, 응력을 해소할 수 있으므로 전극이 손상되는 것을 막을 수 있어 전지를 오랫동안 사용할 수 있는 것이다.

 전극 표면에 나노 스케일로 구조를 만드는 것은 전지의 수명을 늘리거나 효율을 높이기 위한 좋은 방법이다. 에너지 재료로서 일반적인 전지에도 나노 테크놀로지가 응용되고 있으며 나노 테크놀로지는 좋은 전자 제품을 만들기 위해 빠뜨릴 수 없는 기술이 되고 있다.

Section 5 환경에 유익한 기술

(1) 환경 정화 시스템

환경 정화 시스템에도 나노 테크놀로지는 이용되고 있으며 그것에는 3가지 방향이 있다.

첫 번째로, 식물의 광합성계를 이용한 바이오 테크놀로지에 의한 환경 정화이다. 광합성계에 있어서는 이산화탄소에 전자를 전달하는 것 대신에 물에 전자를 전달하는 개선을 통하여 수소 연료를 만들 수 있듯이, 물을 분해하여 산소가 나온 것을 다른 물질의 분해에 사용한다든지 또는 발생한 산소를 사용하여 산화 반응으로 물질을 분해하는 것을 환경 정화에 사용하는 것이 가능하다. 그 분야가 이루어질 때에 사용되는 효소 등에 나노 스케일의 물질이 사용된다.

두 번째는 광촉매를 사용하는 것이다. 산화티탄(TiO_2) 광촉매는 자외선을 흡수하는 것으로 반응이 일어나며 이 때 생겨난 전자의 홀을 산소 발생에 사용하는 것이 아니라 탄화수소 등 환경오염 물질의 유기물을 산화시켜 이산화탄소로 하는 방식으로 오염물을 제거하는 것이 광촉매에 의한 환경 정화 시스템이다.

그림 6-5
카본 나노 칩에 의한 환경
정화 시스템
(Biosource Inc., Sabres of
Texas and Boston College
에서)

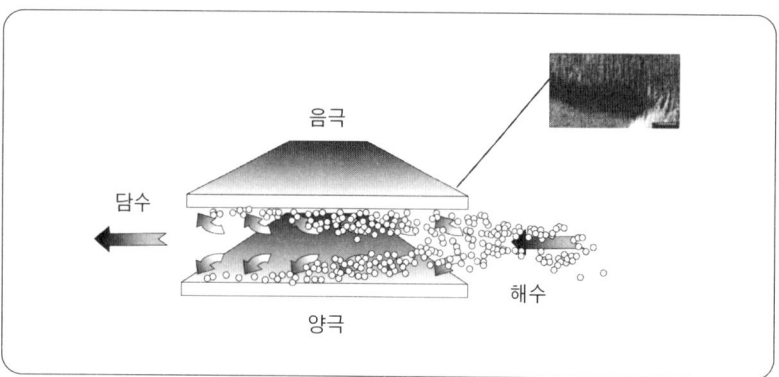

광 촉매에 사용되는 미립자는 나노 스케일의 입자로 전자와 전자홀이 바로 표면에 도달하기 쉽게 되어 있다. 그 나노 미립자의 표면에 백금을 붙이는 등, 나노 스케일의 물질 설계가 여러 가지 형태로 이루어져 있는 것이 광 촉매의 경우로 이것 또한 환경 분야에 나노 테크놀로지를 응용한 예 중의 하나이다.

세 번째가 탄소 나노 튜브 등의 나노 재료를 사용한 환경 정화 시스템이다. 이것은 2개의 전극에 탄소 나노 튜브를 붙여 두는 것으로, 전극 부분에 촉매가 되는 것을 놓아두면 탄소 나노 튜브가 성장하며 금속 이온 등이 그곳에 끌어당겨지기 때문에 오염물이 제거되고 물을 깨끗이 할 수 있다(그림 6-5).

(2) 환경의 관측

나노 테크놀로지는 환경의 관측에도 직접적으로 관련되어 있다. 예를 들어, 갈륨비소($GaAs$) 등의 초격자 구조를 형성하는 반도체로 레이저 빛을 발생시키는 장치를 만들면 특정 물질만이 흡수하는 파장의 빛을 낼 수 있다. 이 빛은 일산화탄소(CO) 또는 암모니아(NH_3) 등에 흡수되지만 그 흡수는 어떤 물질에 한정되기 때문에 특정 분자의 검출에 적당하며 대기 중의 이산화탄소 양을 측정하는 것 등에 사용되고 있다.

관측 방법에 있어서 여러 가지 형태가 있으며 4장의 IT 분야 부분에서 말한 센서도 환경에 관련된 나노 테크놀로지로서 매우 중요하다. 주위 환경 중의 금속 이온 또는 중금속을 생물학적 메커니즘을 이용한 센서 또는 전기화학적인 센서를 이용하여 검출하거나, 여러 가지 타입의 측정 패턴의 가능성이 있으며 그것들은 나노 스케일에서 효소를 붙이거나 금속 미립자를 붙이는 기술에 의해 발전해 오고 있다.

이상적인 생산 기술

지금까지의 생산 기술이 큰 에너지를 사용하여 대량 생산하면서 갖가지 오염 물질을 발생시키는 것이었다면, 앞으로 인류가 취해야 할 길은 바이오 세계의 생산 과정과 같이 저 에너지로 높은 생산 효율을 얻어 한층 더 자연과 환경에 조화되는 나노 테크놀로지에 의한 생산 기술을 발전시켜 나가는 것이 되어야 할 것이다.

나노 테크놀로지가 새로운 시대의 가장 중요한 과학 기술로 자리매김은 새로운 재료의 개발뿐만 아니라 제조 기술로서 환경에 적합한 프로세스로 이루어지는 것이 매우 큰 핵심이다. 나노 테크놀로지의 본보기는 바이오 세계이며 그 바이오의 세계는 지구 환경에 더할 나위 없이 조화를 이루고 있다. 자연계에는 악성 바이러스 등도 존재하지만 지구상에서 여러 가지 것들이 공생할 수 있는 것은 바이오 세계가 환경에 일치하고 있기 때문이며, 그 바이오 세계에서 배우는 나노 테크놀로지는 지구 환경에 유익한 기술인 것을 목표로 하고 있다. 제조 기술이 환경과 조화되기 위해서는 원자 · 분자를 배열 제어하기 위해 필요 이상의 많은 에너지를 사용하는 것이 아니라 우수한 프로그램에 따라 가능한 한 적은 에너지로 원자 · 분자를 나열해 가는 것이 중요하다.

자연계에 존재하는 염 중에서 가장 많으며 우리가 흔히 운동장에 선을 그을 때 사용하는 탄산칼슘($CaCO_3$)의 하얀 가루를 원료로 생산 가능한 것을 생각해 보려 한다.

환경을 무시하는 지금까지의 조잡한 기술로 물질을 만든다 하면 아주 큰 힘으로 압축하고 고온으로 가열하여 경화시켜 만들어지는 것이 분필이다. 그러나 애써 큰 에너지를 사용하고 압력을 가해 단단하게 굳혀도 이 분필은 깨지기 쉬우며 부드러운 것밖에 되지 않는다. 더욱이 열을 가할 때의 열처리는 이산화탄소를 발생시켜 지구 온난화의 원인이 된다. 그렇지만 같은 탄산칼슘이라는 원료를 사용해도 DNA에 의한 프로그램으로 원자를 배열해 가면 조개껍질이라는 매우 단단한 물질이 만들어진다(그림 6-6). 더욱이 이것은 바다 수온의 낮은 온도에서 만들어진다.

환경 문제를 생각할 때에는 나노 스케일로 제어한 물질을 만들 뿐

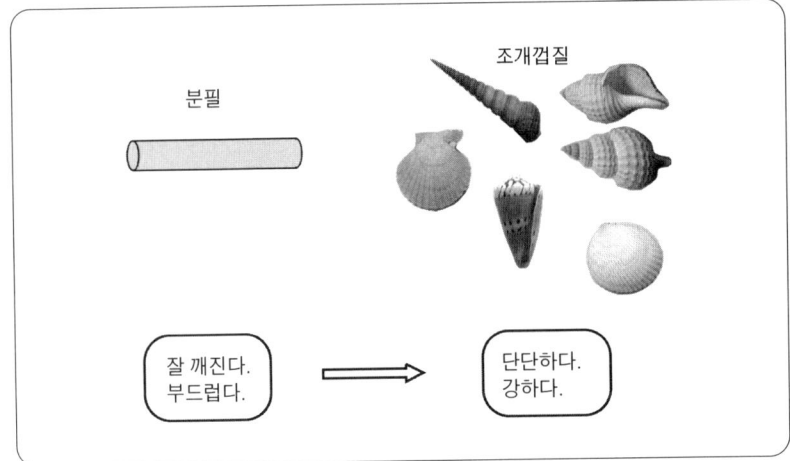

그림 6-6
이상적인 생산 기술 - 무른 분필을 만드는 것보다 단단 하고 아름다운 조개껍질을 만드는 생체 분자 나노 테크 놀로지

만 아니라 생물학적인 메커니즘을 사용한 나노 테크놀로지를 도입해 가는 관점이 매우 중요하다. 조개껍질은 만들어지는 데 너무 시간이 걸려 공업에서 그것을 이용할 수 없지 않을까라고 생각할지도 모른 다. 그렇지만 조개는 그 이상 크게 될 필요가 없기 때문에 성장을 멈 추고 있을 뿐 만약 성장을 멈추지 않고 계속 커져가게 된다면 배에서 다시 배로 커져 가는 원리이기 때문에 엄청난 기세로 만들어지게 되 며 그 생물학적 원리는 생산 효율이라는 측면에서도 매우 우수하다.

지금까지는 큰 에너지를 사용해 대량 생산해 가는 방향으로 공업 을 일으켜 왔다. 그 반대로 누에고치에서 뽑은 명주실로부터 비단을 만드는, 생물학적 방법을 이용하는 생산 기술이 있다. 이것은 분명히 환경에 적합한 생산 기술이라고 말할 수 있으며, 제3의 나노 테크놀 로지를 이용한 생산 기술은 후자의 방법을 발전시킨 것이라 말할 수 있다. 예를 들어 명주실을 만들 때에 바이오 테크놀로지와 촉매를 사 용해서 생산 효율을 높일 수 있으며, 이것이 나노 테크놀로지를 이용 한 생산 기술이다. 지금, 이만큼 대량으로 물건이 만들어지고 지구가 오염되어 왔다면 저에너지로 높은 생산 효율을 얻어 한층 더 환경에 조화되는 나노 테크놀로지에 의한 생산 기술을 발전시켜 나가는 것 이야말로 필연적으로 인류가 취해야 할 길이 될 것이다.

∴ Memo_

CHAPTER

7 종합 과학의 시대로

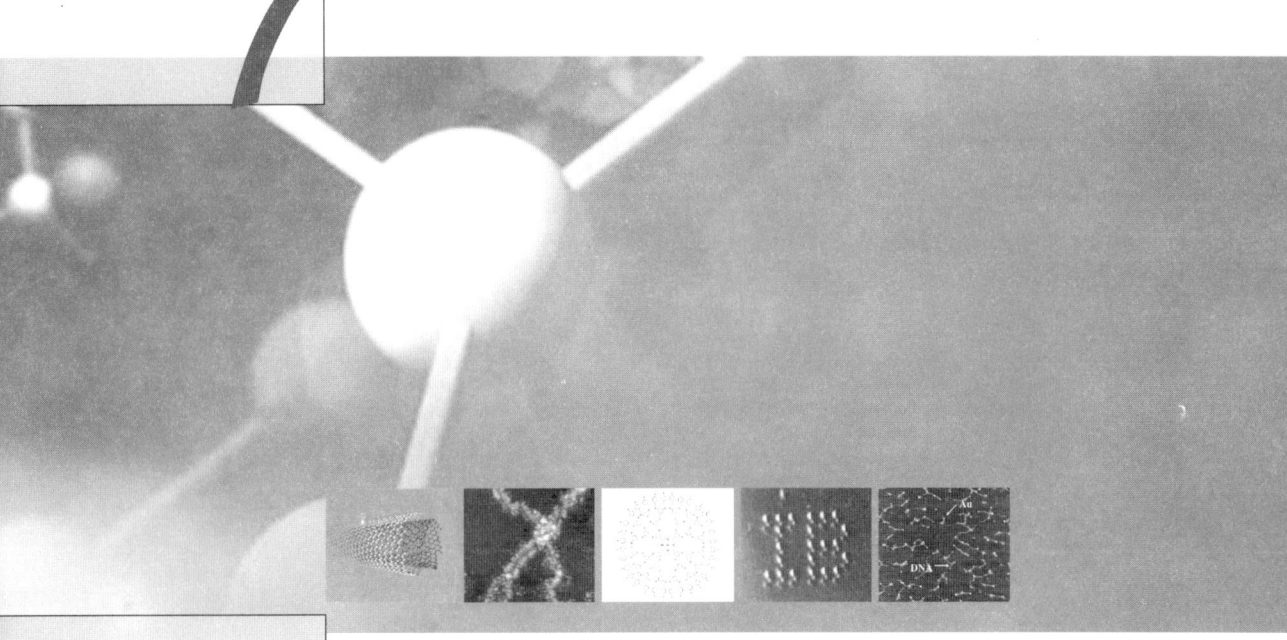

Section 1 나노 테크놀로지는 출발점에 서 있다

나노 테크놀로지는 20세기의 과학 기술이 도착한 종착점이 아니라 새로운 신세기로 향한 출발점이며 여러 가지 분야가 융합된 영역에서 새로운 학문이 열리는 위대한 가능성을 간직하고 있다.

Bottom-up의 기술이야말로 나노 테크놀로지의 발전에 중요한 의미를 가지고 있다.

우리들의 지침서인 생체의 어느 부분을 보아도 나노 스케일로 완벽하게 제어되고 있다. 이것은 하느님이 주신 최고의 프로그램을 통하여 자기 조직화에 의해 자동적으로 짜맞추어지는 시스템이 있기 때문이다.

그러한 의미로 현재 나노 테크놀로지는 이제 첫걸음을 내딛은 단계이다.

나노 테크놀로지라는 과학 기술이 나노미터의 풍부한 세계에 도달하는 데에는 2가지 길이 있다.

하나는 커다란 것을 깎고 파들어 가 작세 만들어 가는 Top-down의 나노 테크놀로지, 또 하나는 원자·분자를 짜맞추어 하나하나 쌓아 올려 가는 Bottom-up의 나노 테크놀로지이다.

지금, 깎아 가는 방법과 쌓아 올려 가는 방법의 두 가지 방법이 정확히 나노 스케일에서 만나고 있는 것은, 나노 테크놀로지가 과학 기술 역사의 필연적인 흐름 위에서 탄생한 것이라 할 수 있다. 그러한 흐름을 근거로 중요한 관점이 되는 것은 나노 테크놀로지가 20세기의 과학 기술이 도착한 종착점이라기보다는 새로운 신세기로 향한 출발점이며 여러 가지 분야가 융합된 영역에서 새로운 학문이 열리는 위대한 가능성을 간직하고 있는 것이다. 2장의 그림 2-1을 다시 보기 바란다.

그리고 여기서 다시 강조해 두고 싶은 것은 Bottom-up의 기술이야말로 나노 테크놀로지의 발전에 중요한 의미를 가지고 있는 것이다. Top-down방법은 상당한 부분까지 도달했다는 느낌이 있지만, Bottom-up의 나노 테크놀로지는 아직까지 초기 단계에 있다.

우리들의 지침서인 생체의 어느 부분을 보아도 나노 스케일로 완벽하다 해도 좋을 만큼 정확히 제어되고 있다. 이것은 하느님이 우리에게 주신 최고의 프로그램을 통하여 자기 조직화에 의해 자동적으로 짜맞추어지는 시스템이 있기 때문이다. 그러한 의미로 현재 나노 테크놀로지는 아직 첫걸음을 내딛은 단계이다. 우리들의 기술은 육상의 출발점에 서서 오직 목표인 골인점을 향해, 좌우 한눈팔 여유도 없다는 의식을 가지는 것이 나노 테크놀로지를 발전시켜 나가는 위에 중요한 것이라 생각한다.

그러면 지금까지의 정리로, 막 움직이기 시작한 나노 테크놀로지가 추진되어 갔을 때 과학 기술과 세계가 어떻게 변해갈지를 다시한 번 살펴보자.

1장에서 말한 휴대폰의 제조 공정과 실로부터 양복을 짜는 기계의 예에서 봤듯이 현재의 기술은 프로그램에 따라 원자·분자를 짜맞추는 생체의 원리를 응용한 방향으로 향하고 있다. 그리고 여기서부터 나노 테크놀로지를 진척시키는 것에 의해, 5장의 바이오 응용에서 말했듯이 명주실 등의 생산 효율을 높이는 것이 이루어지고한층 더 원자·분자를 짜맞추는 것으로 지금까지 없었던 정말 새로운 것도 만들어 갈 수 있게 된다. 대략의 기술을 내려다 본 후에 다시 이것을 검증하여 보면 역시 세계는 이 방향으로 향해 있음을 확인할 수 있을 것이다.

여기서 나노 테크놀로지에 의한 새로운 제조 기술이 지금까지의것과 완전히 다른 것은 원자와 분자를 배열 및 제어해서 물질을 만들 때 종래에 사용했던 열을 가하거나 압력을 가하거나 하는 등의많은 양의 에너지가 아니라 정보를 선별·입력하는 것에 의해 이루어지는 것이다(그림 7-1). 이것은 이 책에서 언급해 온 기술에 일관되게 흐르는 획기적인 생각이라 할 수 있다.

서울에 매우 맛있는 요리를 만드는 요리사가 있다고 하면, 그 요리는 서울의 어떤 한 식당에서밖에 먹을 수 없다. 그러나 나노 테크놀로지의 발전에 따라서는 정보 통신을 통해서 지방에서도 외국에서도

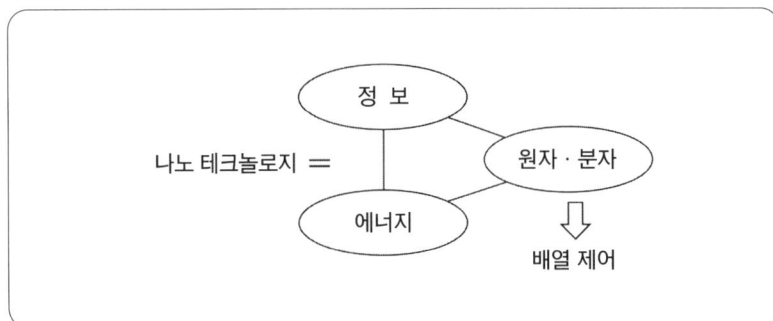

그림 7-1
새로운 제조 기술 - 나노 테크놀로지는 에너지(열 등)를 주입하여 원자·분자를 배열시키는 것뿐만 아니라 정보(프로그램)에 따라 원하는 원자·분자로 배열시킬 수 있는 것에 그 진수가 있다.

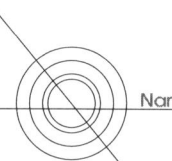

완전히 똑같은 요리를 먹을 수 있을지도 모른다(그림 7-2).

요리법의 정보를 전달한다는 것은 이해하기 쉬운 이야기이지만 나노 테크놀로지의 세계를 바꿀 가능성은 보다 근본적인 것이다. K. Eric Drexler의 나노 테크놀로지가 실현된다면 요리에 사용하는 재료가 없다고 하여도 정보를 보내어 그것에다 약간의 에너지를 사용하여 원자 · 분자를 짜맞추기만 하면 서울의 요리사가 만든 것과 조금도 틀리지 않온 요리를 만들 수 있다.

정보와 원자 · 분자가 있으면 어떤 것이라도 만들 수 있는 미래의 모습은 약간 공상 과학 소설 같지만 나노 테크놀로지는 그 가능성을 부정하지 않는다.

그림 7-2
멀리 떨어진 곳에서도 일류 요리사가 만든 요리와 똑같은 맛을 즐길 수 있다.

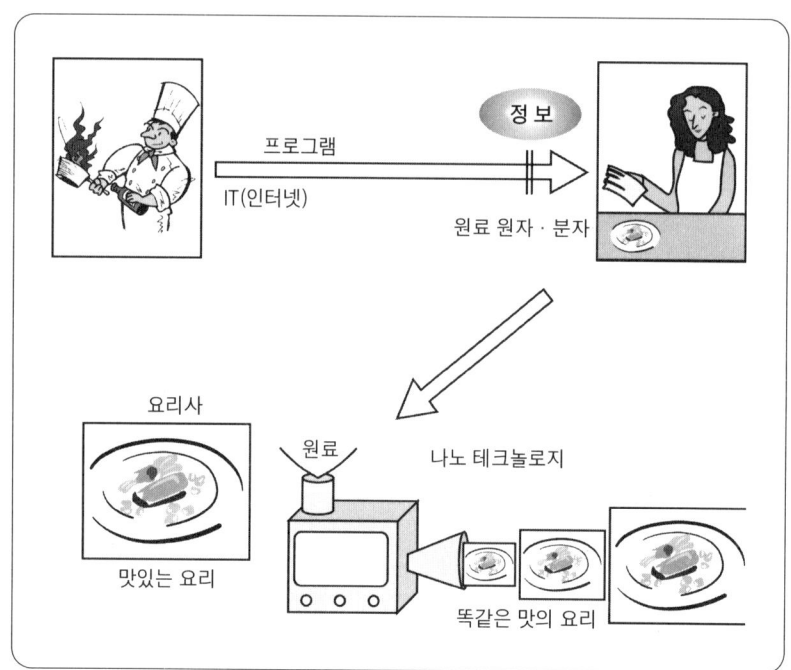

Section 2 세계의 나노 테크놀로지 전략

나노 테크놀로지는 21세기의 산업 혁명을 일으키는 것을 목표로 하는 과학 기술이다. 산업계는 언제나 기술의 혁신적 비약 (Breakthrough)을 요구하고 있으며 엄청난 가능성의 보물 창고인 나노 테크놀로지는 그러한 의미에서도 세간의 관심을 끌어 모으고 있다. 대학뿐만 아니라 기업 연구도 나노 테크놀로지의 발전에는 빠뜨릴 수 없으며, 나노 테크놀로지의 산업과의 연결 고리는 무시할 수 없는 것이다. 나노 테크놀로지는 산업과 함께 걸어간다고 해도 과언이 아니다. 여기서 여러분께 세계 흐름을 느끼도록 하기 위해 각국의 나노 테크놀로지의 추진 동향을 언급한다(표 7-1).

미국은 클린턴 정권 시의 2000년 1월에 나노 테크놀로지 국가 전략(NNI : National Nanotechnology Initiative)을 대대적으로 확정했다. 그 이전에 비해 나노 테크놀로지 관련 예산을 거의 배로 증가시켜 기초 연구와 원자 메모리 등의 도전적 연구 과제를 선두로, 그에 대한 연구를 추진하기 위해 국내 네트워크를 만들고 거국적으로 나노 테크놀로지를 추진하는 체제를 갖추고 있다. 미국이 내세우는 과제의 일환으로 사회 윤리 즉 나노 테크놀로지가 어떠한 방향으로 사용되어야 하는가도 중요시되고 있다. 또 다음의 젊은 세대에 어떠한 교육과 훈련으로 기술을 전해 갈 것인가 하는 제도도 정비되고 있다. 이것은 미국이 종합적으로 나노 테크놀로지에 열중하려고 하는 것이다. 미국은 장기적이며 거국적으로 하나의 큰 사업에 몰두하는 것에 숙달되어 있는 나라이기에 대통령이 바뀌어도 커다란 계획의 틀 속에서 나노 테크놀로지를 추진해 나갈 것이다.

나노 테크놀로지는 각국에서 전략적으로 추진하려 하고 있지만, 종합적으로 공략하는 미국에 반해 그외 국가의 계획을 살펴보면 각각 그 나라의 특색을 볼 수 있다.

Nano Technology

국 명	내용 및 조직
일본	• 2000년 3월~12월 : 과학 기술 회의에서 제2기 과학 기술 기본 계획의 검토 • 10월~12월 : 나노 테크놀로지의 전략적 추진에 관한 간담회 • 2001년 3월 : 종합 과학 기술 회의「월례 과학 기술 보고」 1~9월 : 중점 분야 추진 전략 전문 조사회, 프로젝트 회합 8월 : 2002년도 예산 기산 요구 9월 말 : 향후 추진 전략 결정
미국	• 국가 나노 테크놀로지 전략(NNI)을 2000년 1월 책정 2001년도 총예산 4억 9500만 달러(전년도 대비 183%) • 5가지 활동 기초 연구소 그랜드 챌린지 COE, 네트워크 구축 연구 기반 정비 사회윤리법 제도/교육 훈련 • 2010년에 미국의 경쟁력을 확보하기 위한 액션 플랜 • 정부에 종속되거나 각자 다른 길을 가지 않고 산학관의 연구자가 유기적으로 정보 교환
스위스	• 국가 추진 전략「TOP NANO21」을 발표(2001년까지 실시. 4개년 계획) • 정밀 기계, 의약품 등의 강점을 살린 연계 추진 (재료, 디바이스, 바이오의 연계에 역점)
독일	• 1998년, 교육 · 연구성이 6가지 테마의 연구 네트워크 조직 (Nanotechnology Competence Centers)을 창설
영국	• 2000년, EPSRC(공학 · 물리 화학 연구 회의)가 5가지 나노 테크놀로지 네트워크를 창설
프랑스	• 199년, 과학기술위원회가 5가지 우선 연구 분야(생명 과학, 정보 통신, 사회 · 인간 과학, 에너지 · 수송, 지구 · 우주)를 선정. 나노 테크놀로지 연구는 이와 같은 각 우선 분야 속에서 실시

표 7-1
각국의 나노 테크놀로지
전략
(일본 정부 자료에서)

스위스는 그다지 자원이 풍부하지 못하기 때문에 선도 산업은 적으나 고가의 물건을 만들고 있으며, 정밀 기계와 의약품에 관련되는 나노 테크놀로지에 힘을 쏟은 Topplan21이라는 계획을 세우고 있다. 독일은 장인 정신이라고 할까 옛날부터 길드(Guild)라는 조합이 있으며, 나노 테크놀로지에서도 6개의 주제를 선정해 국내의 연구 조합 같은 네트워크를 만들고 있다. 프랑스에서는 원자력청이 2000년부터 중장기 계획으로 나노 테크놀로지에 관련된 민간용의 연구에 힘을 쏟을 것을 선언했다. 원자력청이라고 할 때에는 당연히 지금까지 주로 원자력을 취급해 온 국가 기관이지만, 퀴리 부인을 배출하며 원자력을 국책으로 하고 있는 나라가 그 원자력을 취급하는 기관을 이용하여 나노 테크놀로지의 추진을 도모한다는 점에서 나노 테크놀로지를 매우 중요시하고 있음을 엿볼 수 있다.

중국, 대만, 한국, 일본 등 아시아 각국 모두가 나노 테크놀로지를 자국의 생명선이라고 생각하고 있다. 한국은 전자 재료 분야 특히 고밀도로 기록하는 재료와 반도체를 아주 섬세하게 깎는 기술 등에 있어서 항상 일본과 서로 경쟁하고 있으며 앞으로도 일본의 나노 테크놀로지의 전략 분야와 근접한 분야에서 경쟁이 이어질 것이라 생각된다. 중국은 여러 나라 중에서도 상당히 특징적이며 한방약과 희토류에 관한 나노 테크놀로지라는 독자 노선을 걸으려 하고 있다. 일본도 역시 2000년을 하나의 단락으로 하여 새로운 과학 기술의 기본 계획이 세워지고 나노 테크놀로지와 함께 생명 과학(Life Science), 정보 통신, 환경을 4가지 중요 분야의 하나로 여기고 있다. 이들 모두 나노 테크놀로지의 응용 기술이 밀접하게 관계되어 있기 때문에 나노 테크놀로지의 연구는 일본에 있어서도 필수 사항으로 여겨지고 있다. 이러한 세계를 바라보면, 나노 테크놀로지는 기간 기술이기 때문에 결국 어느 나라도 어떻게 해서든 힘을 쏟아넣지 않으면 안되게 되었으며 그렇다고 해서 다른 나라와 같은 것을 해서는 경쟁에서 이길 수 없기 때문에 각각의 자신 있는 분야를 살린 전략을 세우고 있다는 것을 잘 알 수 있다.

나노 테크놀로지는 기간 기술이기 때문에 결국 어느 나라든 힘을 쏟아붙지 않으면 안되게 되었으며 그렇다고 해서 다른 나라와 같은 것을 해서는 경쟁에서 이길 수 없기 때문에 각각의 자신 있는 분야를 살린 전략을 세우고 있다.

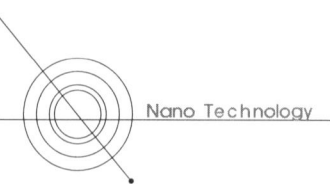

나노 테크놀로지는 산업과 함께 걷는다

　　일본에 있어서 나노 테크놀로지와 관계된 산업 규모는 2010년에는 20~30조 엔(200~300조 원)으로 올라간다고 하며(표 7-2) 세계 규모로서는 90~100조 엔(900~1000조 원)이라는 엄청난 액수가 전망되고 있다. 대학과 기업이 나노 테크놀로지에 적극적으로 참여하는 배경은 재료, Electronics, Bio, 환경의 어느 분야에 있어서도 현재 판매되고 있는 제품의 약 70%가 어떤 형태로든 나노 테크놀로지와 관계되어 있기 때문이다.

　　나노 테크놀로지가 산업과 함께 나아가고 있는 관점에서 보면 나노 테크놀로지의 발전을 위하여 중요한 점으로는 2가지가 고려된

표 7-2
일본의 시장 규모(전 분야)
(日立總研에서)

분　　야	테크놀로지 시장(일본)			
	2005년		2010년	
	규모(억엔/년)	구성비(%)	규모(억엔/년)	구성비(%)
IT 일렉트로닉스	9,144	38.8	138,649	50.7
프로세스 머티리얼	4,717	20.0	89,079	32.6
계측 · 가공 · 시뮬레이션	6,282	26.7	21,311	7.8
환경 · 에너지	9,131	4.8	15,932	5.8
항공 · 우주 등	2,287	9.7	8,325	3.1
합　계	23,561	100.0	273,296	100.0

주) 바이오만의 기술 · 제품 분야는 제외

다. 하나는 Brand Power, 또 다른 하나는 Science Linkage이다.

Brand Power라는 것은 각각의 연구자, 연구실, 기업이 가지고 있는 개개의 독특하며 강한 기술을 말한다. 각각의 강한 기술과 산업이 결합하는 것은 나노 테크놀로지의 발전을 위해서 매우 중요한 요소이며 이런 의미로 독자적인 기술을 가진 중소 기업의 활약은 큰 의미를 가지고 있다고 할 수 있다.

세상에 알리기 쉬운 형태로 산업화하려 한다면, Science Linkage라는 것이 중요하다. Science Linkage란 기초 과학과 산업의 유대란 의미이며, 그림 7-3에 표시된 것이 특허 출원 1건당 과학 논문의 인용 횟수이다. 특허를 출원한다는 것은 기술이 세상에 환원되도록 하는 것이다. 특허에 기초 과학 논문이 얼마만큼 인용되고 있는가 하는 것은 기초적인 과학이 산업에 어느 정도 연결되고 있는가를 반영하는 것으로 과학과 산업의 결합 정도의 기준이 된다. 유감스럽게도 Science Linkage에 관해서는 미국과 일본의 격차가 크게 벌어지고 있다. 그림 7-3의 그래프는 가로축이 연도이

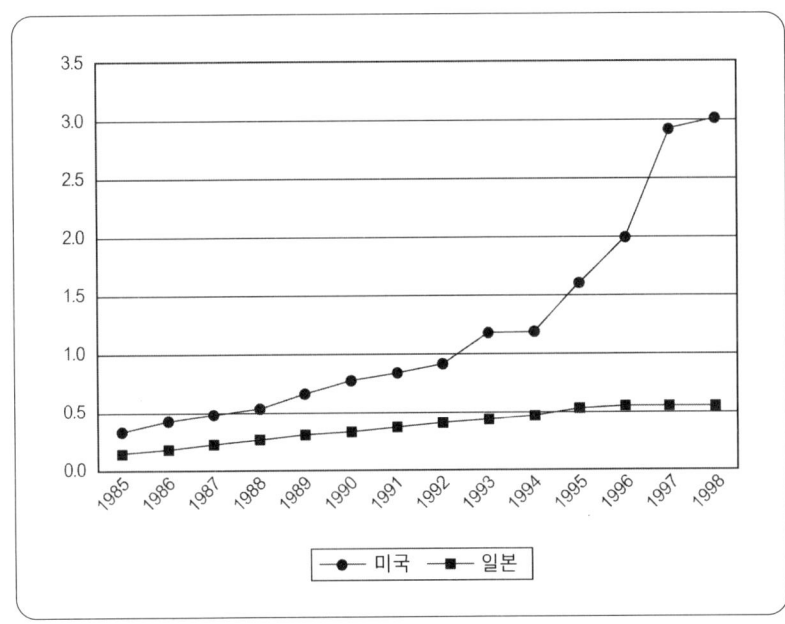

그림 7-3
일본과 미국의 사이언스 링키지 추이(전 분야)
(정부 자료에서)

축이 Science Linkage를 나타내고 있으며, 나노 테크놀로지가 관계되는 전 분야에 있어서 1990년이 지난 부근에서부터 미국의 그래프는 쭉 뻗어가고 있다. 일본은 특별히 내려가고 있다고는 할 수 없지만 그다지 증가하고 있지 않다. 이것은 결국, 일본은 미국에 비하여 나노 테크놀로지와 같은 기초 과학을 적극적으로 산업에 연결하는 노력을 하고 있지 않다는 것이다.

나노 테크놀로지는 과학으로서 재미있으며 가능성 있다는 것으로도 중요하지만 역시 인류와 사회에 그것을 환원하려고 한다면 새롭게 생겨난 기반 기술을 바로 산업에 활용하는 의식을 강하게 가지는 것이 매우 중요하다. 기술을 특허와 지적 소유권으로 연결하려는 자세는 간접적이긴 하지만 나노 테크놀로지의 발전을 좌우하는 것이기 때문에 각국의 대학과 기업에서도 자각해야 할 것이다.

우리나라의 나노 관련 특허

우리나라의 나노 관련 특허는 나노 소재가 가장 많고 나노바이오·보건 분야는 취약한 것으로 나타났다. 한국과학기술정책연구원(STEPI) 이광호·배용호 박사가 최근 발표한 '한·미 특허 분석을 통해 본 나노 기술의 경쟁력 분석'이라는 보고서에 따르면 나노 관련 전체 특허 중 나노 소재가 37.9%를, 나노 기반 공정 특허가 30%를 차지했다. 나노 소자 및 시스템은 24.2%를 차지했으며 나노바이오 및 보건 분야 특허는 8%에 머물렀다.

이런 결과는 우리나라가 나노바이오·보건 분야에 대한 연구 인력과 인프라 부족으로 상대적으로 상업화와 제품화 기간이 빠른 나노 소재 분야에 특허가 집중되고 있기 때문이다. 또 삼성전자와 LG전자 등 대기업이 반도체 개발을 위해 나노전자소자 제조와 관련된 특허를 대거 출원해 나노 소재 분야가 상대적으로 높은 비중을 차지했다.

이에 비해 미국은 나노 기반 공정(31%), 나노 소재(24.5%), 나노 소자 및 시스템(22.4%), 나노바이오 및 보건(22.2%) 등 4개 분야 모두 고른 분포를 보였다. 미국은 국가 연구개발사업 중 생명 공학 기술에 대한 투자 비율이 높고 참여 연구 주체인 대학과 기업이 관련 특허 등록에 집중하고 있어 기초 연구인 나노바이오 분야의 특허 출원이 다른 분야와 비슷하게 나타났다.

출원된 기술을 살펴보면 한국은 탄소 나노 튜브가 27건으로 가장 많으며 나노 화장품이 22건, 박막 증착 기술 14건 순으로 나타나 나노 분야의 화장품 기술 개발이 활발한 것으로 나타났다.

미국은 박막 증착 기술 80건, 의약 약물 전달 시스템 52건, 단전자 소자 14건, 탄소 나노 튜브 13건으로 나노바이오 분야의 의약 약물 전달 시스템에 연구를 집중하고 있는 것으로 분석됐다.

(전자신문에서)

Section 4 사회 윤리

본서에서는 나노 테크놀로지에 관한 현 단계의 기술과 이후의 전망에 대해서 언급해 왔으며 그것이 세계를 바꿀 가능성을 강조해 왔지만, 자주 질문받는 것이 "나노 테크놀로지의 부정적인 면은 무엇인가?"라는 것이다.

나노 테크놀로지의 발전에 의해 걱정되고 있는 것 중 하나가 3장에서 언급한 Drexler의 저서 "창조적인 기계"에서 말하고 있는 것과 같이 어셈블러(Assembler, 분자 제조 기계)가 실현되어 무엇이든 만들 수 있게 되면 악성 바이러스 같은 것까지 엄청난 기세로 자기 증식해 버리는 것이 아닐까 하는 걱정이다. 이것은 확실히 나노 테크놀로지의 원리로부터 말하면 상상할 수 있는 일이지만, 현시점에서 나노 테크놀로지의 선악을 지나치게 논하여 너무 따져서 나노 테크놀로지의 앞길을 막는 것은 그다지 의미 있는 것이 아니라고 생각된다. 오히려 여기서 유도해 내는 것은 인간의 문제이다. 테크놀로지는 어디까지나 테크놀로지이며 바르고 그릇됨도 없다. 인간의 사용하기 나름으로 좋은 쪽으로도 악한 쪽으로도 이용 가능하므로 나노 테크놀로지에 의해 악한 일이 벌어지면 그것은 기술을 이용하는 사람의 문제이다.

역으로 생각하면 기술을 인간이 쾌적하게 사용하기 위해서는 기술은 인간이 사용한다는 본질을 잊어서는 안 될 것이다.

또 한 가지 나노 테크놀로지의 부정적인 면으로서, 나노 테크놀로지의 물질은 매우 작기 때문에, 악성 물질로 인한 생체와 환경의 오염이 일단 시작되면 매우 빠른 속도로 침식해 갈 수 있다는 것이다. 이것에 대해서는 확실히 관리를 해 나가는 것이 중요하다.

설사 인간에게 달려 있다고 하여도 새로운 과학 기술인 나노 테크놀로지에 대하여 윤리적인 면을 생각하는 것은 필요하다.

테크놀로지는 어디까지나 테크놀로지이며 바르고 그릇됨도 없다. 인간의 사용하기 나름으로, 나노 테크놀로지에 의해 악한 일이 벌어지면 그것은 기술을 이용하는 사람의 문제이다.

나노 테크놀로지의 선악을 지나치게 논하여 너무 따져서 나노 테크놀로지의 앞길을 막는 것은 그다지 의미 있는 것이 아니다. 중요한 것은 기술은 인간이 사용한다는 본질을 잊지 않는 것이다.

Section 5 종합 과학 시대로

물리학에 의해 알려질 것은 대체로 밝혀진 현재의 상황에도, 우리들의 몸 또는 지구에 관해서는 아직 많은 의문들이 있다. 그것이 지금 게놈 프로젝트 등에 의한 해석에 의하여 차례차례로 해명되기 시작했다.

이것이 21세기는 물리를 대신해서 바이오의 시대가 도래했다고 말하는 근거이다.

나노 테크놀로지는 물리도, 바이오도, 사람도, 사회도, 지구도 모두 하나로 끌어안아서 새로운 세계를 창조해 갈 것이다.

20세기는 물리학의 시대였다고 자주 말을 듣는다. 이것에 반하여 21세기는 바이오의 시대라고 한다. 물리학이라는 것은 현상을 매우 단순한 수식으로 표시해서 삼라만상 중에서 그 근원적인 것은 무엇인가라는 것을 탐구하는 학문이다. 20세기의 자연 과학은 사회 과학에서의 영향도 무시할 수 없지만 물리학이 원동력이 되어 발전해 왔으며 소립자조차도 한두 개를 남겨 놓고 대부분이 발견되어, 양자 역학도 상당 부분이 알려졌다고 말할 수 있다. 물론 이후로도 물리학의 발전은 이어지지만, 물리학에 의해 알려질 것은 대체로 밝혀졌다는 현재의 상황으로 각각의 요소는 확실히 알게 되었다고 하더라도, 그러나 그 요소를 조합하여 만들어진 우리들의 몸 또는 지구라는 것에 관해서는 아직 많은 의문들이 있다. 세상의 모든 것을 구성하는 요소가 물리학에 의해 분명히 밝혀지고 기술이 발전했을 때 그 다음으로 우리들의 몸 자체가 어떠한 원리로 만들어졌는가라는 것이 학문의 과제로서 등장했다. 그것이 지금 게놈 프로젝트 등에 의한 해석에 의하여 차례차례로 해명되기 시작했다. 이것이 21세기는 물리를 대신해서 바이오의 시대가 도래했다고 말하는 근거이다.

바이오라는 것은 DNA에 있는 정보에 의해 원자·분자를 조합하는 원리에 입각한 모든 생명체에 관한 학문이다. 그리고 생체와 바이오 물질뿐만 아니라 인공적인 것까지 합쳐서 어떻게 원자·분자를 조합하여 만들어 낼 것인가로부터 시작되는 것이 나노 테크놀로지라는 학문이자 과학 기술이기 때문에 그런 의미로 21세기를 나노 테크놀로지의 시대라고 할 수 있는 것이다.

나노 테크놀로지의 시대란, 원자·분자를 조합하여 새로운 세계를 만드는 과학이 여는 시대라는 것이다. 또 그 중에서 사람은 생명은 도대체 무엇인가라고 생각하기 시작할 것이다. 과연 작은 부품을 단순히 짜맞추면 저절로 생명이 태어나는 것인가에 대해서는 우리들의 과학 지식으로 알려지지 않은 하느님의 존재를 느낄 수가 있다. 이러한 의문과 함께 나아가려고 하는 과학의 흐름을 보면, 요소의 과학 즉 물리의 과학이 끝났다라기보다는 각각의 요소가 거의 모여져 기초가 준비되어 다음의 새로운 전개로서 종합 과학의 단계로 향하고 있다고 생각된다. 그리고 그 종합 과학의 선두에 선 것이 나노 테크놀로지인 것이다. 진리의 탐구라는 것뿐만 아니라 좋든 싫든 과학 기술과 사람, 사회 그리고 지구의 관계를 생각하지 않을 수 없는 시대에 나노 테크놀로지는 물리도, 바이오도, 사람도, 사회도, 지구도 모두 하나로 끌어안아서 새로운 세계를 창조해 가게 된 것이다. 독자 여러분이 미래의 세계를 개척하는 희망을 품어 준다면, 이 책은 끝나지 않을 것이다.

찾아보기

_Index

Index_

_Index

Index_

경기도 고양시 일산구 장항동 596-15번지 TEL:02)844-0511(代) FAX:02)844-8177

최신개정판 수질환경기사 · 산업기사

장준영 · 장철현 共著/4 · 6배판/1,594p/정가 35,000원

- 최근 출제 경향에 맞추어 요점과 문제를 수록하였으며 초보자들도 쉽게 이해할 수 있도록 문제마다 상세한 해설을 붙였다.
- 어려운 용어는 이해하기 쉽도록 해설하였으며 해당 그림을 충분히 실었다.
- 개정된 환경관계법령에 따라 관련되는 것은 이를 기준으로 집필하였다.

신편 폐기물처리 기사 · 산업기사

이승원 · 김성중 · 이미란 共著/4 · 6배판/980p/정가 30,000원

이 책은 국가기술검정(환경분야)의 다양한 출제 경향과 깊이를 가늠하여 출제경향과 수험서의 이질적 공백을 최소화하는데 전력을 다하였으며, 특히 암기위주의 단편적인 수험서를 탈피하기 위해서 보편적인 원리와 법칙에 입각한 공정의 이해와 수식의 전개과정, 기초개념을 토대로 한 응용과 단위환산기법에 주력하였습니다.

신경향 건설안전기사 · 산업기사 실기

김희연 著/4 · 6배판/442p/정가 18,000원

1. 개정된 출제기준에 의거, 체계적으로 구성
2. 개정된 법령을 바탕으로 이에 부합되는 문제를 수록
3. 최근 기출문제에 대한 정확한 분석 및 해설
4. 각 단원별 요점정리
5. 출제경향에 맞추어 불필요한 부분을 삭제하여 효과 극대화

과년도 승강기기능사

이후곤 著/4 · 6배판/584p/정가 18,000원

이 책은 승강기 기능사 자격 취득에 뜻을 둔 수험생 및 현장 실무자들에게 자격증 취득에 대한 어려움을 돕고자 수년간 출제되었던 모든 문제를 분석하여 최근의 출제 기준에 맞추어 새롭게 구성하였습니다. 충실한 내용정리와 그에 따른 그림을 첨부하고 내용별 관련 문제를 수록하여 출제 경향을 명확히 파악할 수 있도록 하였습니다. 또한 완벽한 문제 분석과 자세한 해설을 곁들여 쉽게 이해할 수 있도록 하였습니다.

머시닝센타 프로그램과 가공

배종외 著/윤종학 監修/4 · 6배판/426p/정가 15,000원

이 책은 NC를 정확하게 이해할 수 있는 하나의 방법으로 프로그램은 물론이고 기계구조와 전자장치의 시스템을 이해할 수 있도록 경험을 통하여 확인된 내용들을 응용하여 기록하였습니다. 나름대로의 현장실무 경험을 통하여 정리한 이론들이 NC를 배우고자 하는 여러분들에게 도움이 될 수 있을 것입니다.

CNC 선반 프로그램과 가공

배종외 著/윤종학 監修/4 · 6배판/392p/정가 14,000원

이 책은 NC를 정확하게 이해할 수 있는 하나의 방법으로 프로그램은 물론이고 기계구조와 전자장치의 시스템을 이해할 수 있도록 경험을 통하여 확인된 내용들을 응용하여 기록하였습니다. 나름대로의 현장실무 경험을 통하여 정리한 이론들이 NC를 배우고자 하는 여러분들에게 도움이 될 수 있을 것입니다.

생산자동화 기능사

김원회 외 4인 共著/4 · 6배판/484p/정가 15,000원

기계 분야의 공통 과목인 기계 제작법, 기계 재료, 기계 요소 과목 등은 그동안 여러 기능사 종목에서 출제되었던 경향을 분석 · 반영하였고, 생산 자동화 일반에 대해서는 다년간 자동화 분야에서 강의하고 자격 검정 업무를 수행했던 경험을 살려 집필함으로써 자동화를 공부하는 학생과 현장 기술자들에게 좋은 참고 자료가 될 것입니다.

카일렉트로닉스 기능사

이창수 · 김인태 共著/4 · 6배판/580p/정가 20,000원

이 책은 필자의 교단경험과 현장 실무를 토대로 출제 기준에 맞춘 정선된 요점정리와 예상문제로 나누어 구성하였습니다. 자동차 정비에 관한 기능을 가지고 카일렉트로닉스의 점검, 분석, 판단, 정비, 작업관리 및 이에 관련된 업무를 수행할 수 있는 능력을 부여하는 자격 대비서로서 여러분들의 합격을 가장 큰 목적으로 한 최고의 수험서입니다.

※본사의 사정에 따라 정가가 변동될 수 있습니다.

최신 대기제어공학

김미경 · 박성복 共著/4 · 6배판/275p/정가 12,000원

이 책은 각 장마다 대기오염 제어 관련 기초 이론뿐만 아니라 현장 실무와 직접 관련된 내용을 지면에 충분히 할애함으로써 실무 경험이 부족한 학생들은 물론이고, 환경분야에 종사하고 있거나 공부하는 일반인들도 쉽게 이해를 하면서 공부할 수 있도록 하였습니다. 부록에 수록된 집진장치 관련 현장 점검기록 양식 모음 및 대기공학 관련 핵심 용어 해설 등은 취업을 앞두고 있는 학생들뿐만 아니라, 취업 후 일하게 될 일선 산업현장에서 긴요하게 사용할 수 있으리라 생각합니다.

기초로봇공학

小川鑛一 · 加藤了三 共著/김진오 譯/4 · 6배판/246p/정가 12,000원

본서는 로봇을 배우려는 초보자들을 위하여 '로봇이란 무엇인가', '어떠한 구조와 기능을 갖고', '어떻게 움직이는가'에 대한 개요를 알기 쉽게 기술하고 있다. 로봇공학은 기구학, 역학, 제어공학, 계측공학, 전기 · 전자 등의 여러 분야에 걸쳐 있는 종합 학문이다. 본서를 통해 로봇이 동작하는 기초원리와 구조, 이론, 응용 등을 폭넓게 이해함으로써 로봇공학의 기초를 다질 수 있을 것이다.

승강기기능사

이후곤 외 2인 共著/4 · 6배판/744p/정가 20,000원

최근 출제기준에 맞춰 구성하였으며, 충실한 내용정리와 그에 따른 그림을 첨부하고 내용별 관련문제를 수록하여 출제경향을 명확히 파악할 수 있도록 하였다. 과년도 출제문제를 완전히 분석하고 해설을 자세히 하여 쉽게 이해할 수 있게 하였다.

적중 생산자동화 산업기사

김덕룡 · 김철수 · 김기태 共著/김원회 監修/4 · 6배판/902p/정가 30,000원

이 책의 구성은 생산자동화 산업기사의 출제기준에 맞춰 제1편 기계 제작법, 제2편 기계 설계, 제3편 CAD/CAM, 제4편 공유압, 제5편 자동제어, 제6편 자동화 시스템, 제7편 시퀀스 제어 등의 본문과 부록으로 과년도 출제문제를 수록하여 생산자동화 산업기사 자격취득을 준비하는 사람들에게 많은 배려를 하였다.

열펌프 공기조화 시스템

전력공조연구회 著/홍희기 · 강용태 譯/4 · 6배판/318p/정가 12,000원

이 책은 초 · 중급 수준의 기술자가 열펌프 시스템에 관한 최신의 지식을 이해하고, 보다 쉽게 설계할 수 있도록 기획되었다. 현재 설계와 시공의 일선에서 활약하고 있는 우수한 기술자들에 의해 집필되었으므로 기대해 볼 만하다.

소방관계법규-완전수정판

공하성 著/4 · 6배판/748p/정가 25,000원/요점노트 포함

- 핵심내용을 별책부록화한 요점노트
- 각 문제마다 상세한 해설
- 각 페이지마다 용어의 완벽한 해설
- 각 장마다 출제경향 완전분석
- 국내 최대의 과년도 문제 수록
- 최근 개정부분을 밑줄로 표시하여 구분 용이

과년도 소방설비기사 (전기분야)

공하성 著/4 · 6배판/672p/정가 20,000원/요점노트 포함

이 책은 학원 강의를 듣듯 자세하게 설명해 놓았습니다. 기출문제를 분석해 보면, 문제은행식으로 과년도 문제가 매년 거듭 출제되고 있습니다. 따라서 과년도 문제만 풀어보아도 쉽게 합격할 수 있도록 꾸몄습니다. 2004년 5월 29일부터 소방관련법령이 전면 개정되면서 2005년부터 "소방관계법규"는 새로운 문제들이 출제됩니다. 여기에 중점을 두어 국내 최대의 과년도 문제와 신법에 맞추어 출제가능한 문제들을 최대한 많이 수록하였고, 해답의 근거를 표기하여 신뢰성을 높였습니다.

과년도 소방설비기사 (기계분야)

공하성 著/4 · 6배판/688p/정가 23,000원/요점노트 포함

이 책은 학원 강의를 듣듯 자세하게 설명해 놓았습니다. 기출문제를 분석해 보면, 문제은행식으로 과년도 문제가 매년 거듭 출제되고 있습니다. 따라서 과년도 문제만 풀어보아도 쉽게 합격할 수 있도록 꾸몄습니다. 2004년 5월 29일부터 소방관련법령이 전면 개정되면서 2005년부터 "소방관계법규"는 새로운 문제들이 출제됩니다. 여기에 중점을 두어 국내 최대의 과년도 문제와 신법에 맞추어 출제가능한 문제들을 최대한 많이 수록하였고, 해답의 근거를 표기하여 신뢰성을 높였습니다.

과년도 소방설비산업기사 (전기분야)

공하성 著/4 · 6배판/640p/정가 20,000원/요점노트 포함

이 책은 학원 강의를 듣듯 자세하게 설명해 놓았습니다. 기출문제를 분석해 보면, 문제은행식으로 과년도 문제가 매년 거듭 출제되고 있습니다. 따라서 과년도 문제만 풀어보아도 쉽게 합격할 수 있도록 꾸몄습니다. 2004년 5월 29일부터 소방관련법령이 전면 개정되면서 2005년부터 "소방관계법규"는 새로운 문제들이 출제됩니다. 여기에 중점을 두어 국내 최다의 과년도 문제와 신법에 맞추어 출제가능한 문제들을 최대한 많이 수록하였고, 해답의 근거를 표기하여 신뢰성을 높였습니다.

과년도 소방설비산업기사 (기계분야)

공하성 著/4 · 6배판/672p/정가 20,000원/요점노트 포함

이 책은 학원 강의를 듣듯 자세하게 설명해 놓았습니다. 기출문제를 분석해 보면, 문제은행식으로 과년도 문제가 매년 거듭 출제되고 있습니다. 따라서 과년도 문제만 풀어보아도 쉽게 합격할 수 있도록 꾸몄습니다. 2004년 5월 29일부터 소방관련법령이 전면 개정되면서 2005년부터 "소방관계법규"는 새로운 문제들이 출제됩니다. 여기에 중점을 두어 국내 최다의 과년도 문제와 신법에 맞추어 출제가능한 문제들을 최대한 많이 수록하였고, 해답의 근거를 표기하여 신뢰성을 높였습니다.

소방설비기사 (전기분야)

공하성 著/4 · 6배판/1,040p/정가 32,000원/요점노트 포함

이 책은 학원 강의를 듣듯 자세하게 설명해 놓았습니다. 기출문제를 분석해 보면, 문제은행식으로 과년도 문제가 매년 거듭 출제되고 있습니다. 따라서 과년도 문제만 풀어보아도 쉽게 합격할 수 있도록 꾸몄습니다. 2004년 5월 29일부터 소방관련법령이 전면 개정되면서 2005년부터 "소방관계법규"는 새로운 문제들이 출제됩니다. 여기에 중점을 두어 국내 최다의 과년도 문제와 신법에 맞추어 출제가능한 문제들을 최대한 많이 수록하였고, 해답의 근거를 표기하여 신뢰성을 높였습니다.

소방설비기사 (기계분야)

공하성 著/4 · 6배판/1,008p/정가 32,000원/요점노트 포함

이 책은 학원 강의를 듣듯 자세하게 설명해 놓았습니다. 기출문제를 분석해 보면, 문제은행식으로 과년도 문제가 매년 거듭 출제되고 있습니다. 따라서 과년도 문제만 풀어보아도 쉽게 합격할 수 있도록 꾸몄습니다. 2004년 5월 29일부터 소방관련법령이 전면 개정되면서 2005년부터 "소방관계법규"는 새로운 문제들이 출제됩니다. 여기에 중점을 두어 국내 최다의 과년도 문제와 신법에 맞추어 출제가능한 문제들을 최대한 많이 수록하였고, 해답의 근거를 표기하여 신뢰성을 높였습니다.

과년도 소방설비기사 실기 (전기분야)

공하성 著/4 · 6배판/636p/정가 25,000원/요점노트 포함

이 책은 학원 강의를 듣듯 자세하게 설명해 놓았습니다. 기출문제를 분석해보면 문제은행식으로 과년도문제가 매년 거듭 출제되고 있습니다. 본서는 여기에 중점을 두어 국내 최다의 과년도 문제를 실었고, 각 문제마다 중요도를 표시하여 구분을 확실히 하였습니다. 기존 시중에 있는 다른 책들의 잘못 설명된 점들에 대하여 지적해 놓음으로써 여러 권의 책을 가지고 공부하는 독자들에게 혼동의 소지가 없도록 하였습니다.

과년도 소방설비기사 실기 (기계분야)

공하성 著/4 · 6배판/708p/정가 25,000원/요점노트 포함

이 책은 학원 강의를 듣듯 자세하게 설명해 놓았습니다. 기출문제를 분석해보면 문제은행식으로 과년도문제가 매년 거듭 출제되고 있습니다. 본서는 여기에 중점을 두어 국내 최다의 과년도 문제를 실었고, 각 문제마다 중요도를 표시하여 구분을 확실히 하였습니다. 기존 시중에 있는 다른 책들의 잘못 설명된 점들에 대하여 지적해 놓음으로써 여러 권의 책을 가지고 공부하는 독자들에게 혼동의 소지가 없도록 하였습니다.

소방설비기사 실기 (전기분야)

공하성 著/4 · 6배판/1,032p/정가 33,000원/요점노트 포함

이 책은 학원 강의를 듣듯 자세하게 설명해 놓았습니다. 기출문제를 분석해보면 문제은행식으로 과년도문제가 매년 거듭 출제되고 있습니다. 본서는 여기에 중점을 두어 국내 최다의 과년도 문제를 실었고, 각 문제마다 중요도를 표시하여 구분을 확실히 하였습니다. 기존 시중에 있는 다른 책들의 잘못 설명된 점들에 대하여 지적해 놓음으로써 여러 권의 책을 가지고 공부하는 독자들에게 혼동의 소지가 없도록 하였습니다.

소방설비기사 실기 (기계분야)

공하성 著/4 · 6배판/1,080p/정가 33,000원/요점노트 포함

이 책은 학원 강의를 듣듯 자세하게 설명해 놓았습니다. 기출문제를 분석해보면 문제은행식으로 과년도문제가 매년 거듭 출제되고 있습니다. 본서는 여기에 중점을 두어 국내 최다의 과년도 문제를 실었고, 각 문제마다 중요도를 표시하여 구분을 확실히 하였습니다. 기존 시중에 있는 다른 책들의 잘못 설명된 점들에 대하여 지적해 놓음으로써 여러 권의 책을 가지고 공부하는 독자들에게 혼동의 소지가 없도록 하였습니다.

경기도 고양시 일산구 장항동 596-15번지 TEL:02)844-0511(代) FAX:02)844-8177

소방시설의 설계 및 시공

남상욱 著/4·6배판/760p/정가 35,000원

소방기계 및 소방전기분야 전 영역에 대하여 소방설계적인 측면에서 연관사항을 기술하였고, 국내에서 사용하는 설계계산서의 모든 관련 테이블에 대하여 최초로 출전을 규명하고 이에 대한 의견을 기술하였다. 또한 NEPA Code 및 일본 소방법을 국내 기준과 비교하여 검토하고, 스프링클러의 수리계산, 청정소화약제 소화설비, 급기가압용 제연설비에 대하여 상세히 부연설명을 하였다.

소방시설관리사

공하성 著/4·6배판/1,088p/정가 50,000원

저자가 공부할 때 사용했던 요점노트를 그대로 수록하여, 본문은 최대한 간략화하고 소방시설관리사 시험문제의 출제경향을 완전분석하여 출제 가능한 문제들만 최대한 많이 수록하였다.

신공차론

최호선 著/4·6배판/396p/정가 15,000원

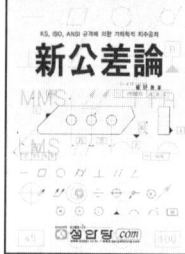

본서는 기하공차에 대한 국제규격과 KS 규격을 쉽게 이해하고 국제화된 표준기술 도면에 쉽게 접근하여 현장실무에 직접 적용할 수 있는 능력을 습득할 수 있도록 관련 도면을 많이 수록하였다. 이 책 한 권을 통해 기하공차의 확실한 도면해독과 공차해석을 통해 실무능력을 습득하고 신기술 수준의 향상과 훌륭한 엔지니어로서의 자기발전을 이룩함은 물론 우리 나라 산업발전에 기여하기를 바란다.

3차원 측정 이론과 실제

이종대 著/4·6배판/287p/정가 12,000원

정밀측정 및 품질관리 업무에 종사하면서 3차원 측정기를 접하는 기술자 및 기계. 금형분야를 전공하는 학생에 이르기까지 폭넓게 활용할 수 있도록 하였다. 3차원 측정기를 이용한 정밀제품의 품질평가에 많은 도움이 될 것이다.

자동차검사기사

김세윤 외 2인 共著/4·6배판/860p/정가 25,000원

많은 자동차 관련 이론을 간추려 정리하고, 각 과목별 문제에 대하여 풀이를 추가하여 한층 공부하기 쉽게 편성하였다. 또한 각 장마다 관련문제를 종합적으로 배치하여 필기시험 능력을 향상시키는 데 역점을 두었다.

자동차정비기사

김세윤 외 2인 共著/4·6배판/1,016p/정가 28,000원

많은 자동차 관련 이론을 간추려 정리하고, 각 과목별 문제에 대하여 풀이를 추가하여 한층 공부하기 쉽게 편성하였다. 또한 각 장마다 관련문제를 종합적으로 배치하여 필기시험 능력을 향상시키는 데 역점을 두었다.

대기관리 기술사

서정민·박성복·박정호 共著/4·6배판/872p/정가 60,000원

자료 준비, 출제경향 파악 등 어떤 방식으로 어떻게 공부해야 할지 몰라하는 수험생들에게 대기관리기술사 수험대비시 각종 자료와 정보 및 국내외의 많은 서적을 참고로 유용한 실무자를 위한 참고서가 될 수 있도록 집필하였다.

도면해독 이론과 실제

최호선·이근희 共著/4·6배판/388p/정가 13,000원

본서에서는 도면을 그릴 줄 알고 작성된 도면을 보고 초보자도 쉽게 이해할 수 있도록 관련 내용에 대한 많은 그림을 예로 들어 현장실무 위주로 구성하였다. 단원마다 관련지식을 평가할 수 있는 문제를 수록하여 이론과 실무를 통한 현장실무에 쉽게 적응할 수 있는 능력을 기르도록 하였다.

◆ 역자 약력 ◆

▶ 공학박사 김태엽(KIM, Tae-Youb Ph.D.)
- 일본 동경공업대학 대학원 전자화학과 석사
- 일본 동경공업대학 대학원 물질창조과학 박사
- 일본 독립행정법인 물질재료연구기구 특별연구원
- 현 고신대학교 신소재학과 겸임교수
- 현 일본 문부과학성 학술진흥회 특별연구원
- 현 일본 동경공업대학 전자물리공학 객원연구교수
- 2000년 국제학회 ICF 우수연구상 수상

▶ 이학박사 홍영대(HONG, Yeong-Dae Ph.D.)
- 영남대학교 화학과 졸업
- 일본 동경공업대학 대학원 화학과, 석·박사
- 현 고신대학교 신소재학과 교수
- 현 고신대학교 부총장·총장 대행

미래를 개척하는 21세기의 중심 기술

나노 테크놀로지 입문

원서명 : ナノテクノロジー入門   정가 : 10,000원

검 생
인 략

지은이 : 川合知二   2003. 9. 24   초판1쇄발행
옮긴이 : 김 태 엽 · 홍 영 대   2005. 5. 16   초판2쇄인쇄
펴낸이 : 이 종 춘

펴낸곳 : 성안당 .com

주 소 : 고양시 일산구 장항동 596-15
전 화 : (02)844-0511
팩 스 : (02)844-8177
등 록 : 1973.2.1 제13-12호

ⓒ 2003~2005 성안당.com   ISBN 89-315-0414-4

| 물류 및
영업본부 | 전 화 : (02) 844-0511(대)
팩 스 : (02) 844-8177 | (031) 903-3380(대)
(031) 901-8177(대) |

독자 상담 서비스 : 080-544-0511   홈페이지 : www.cyber.co.kr

나노 테크놀로지의 나무

환경에 유익한 기술 ⑫
이상적인 생산 기술 ⑫
수소 에너지 시스템 ⑰

나노머신 ⑤
캔틸레버 ⑩

【나노 엔지니어링】

마이크로머신 ⑤
분자 모터 ⑤
F1 모터 ⑤

【나노 메커트로닉스】

【나노 디바이스】

원자 메모리 ⑦
바이오 분자 소자 ⑧
스핀트로닉스 ⑧
태양 전지 ⑫
리튬 전지 ⑫

【나노 재료】

광촉매 ⑱
나노스케일의 물성 ⑤
풀러린 ⑤
탄소 나노 튜브 ⑤

나노 ㅌ

양자 물리

생물 물리

생물 정보학   생물ㅎ

© OHMSHA 2002

양자 화학

생명 과학

분자 물리학